Parcelamento do Solo

Tudo Que Você Precisa Saber Sobre o Assunto!

ADENILSON GIOVANINI

ISBN: 9798521948338

Parcelamento do Solo

Tudo Que Você Precisa Saber Sobre o Assunto!

ADENILSON GIOVANINI

Sobre o autor

O Professor Adenilson Giovanini é Especialista em Topografia Cadastral e Georreferenciamento de Imóveis Rurais.

Possui mais de 490 artigos em seu blog e mais de 460 vídeos em seu canal no youtube.

Também é o autor de diversos cursos e livros.

Entre eles, o livro "*Topografia Cadastral e Georreferenciamento de Imóveis Rurais na Prática*", que desde que foi lançado é o livro mais vendido do Brasil sobre o tema.

SUMÁRIO

CAPÍTULO 1 –
TOPOGRAFIA CADASTRAL: PRINCIPAIS LEIS E O IMPACTO DAS MESMAS NO NOSSO DIA A DIA

CAPÍTULO 2 – ALGUNS CONCEITOS CADASTRAIS QUE VOCÊ PRECISA DOMINAR

CAPÍTULO 3 –
PARCELAMENTO DO SOLO

CAPÍTULO 4 -

LOTEAMENTO: TUDO QUE VOCÊ PRECISA SABER A RESPEITO

CAPÍTULO 5 - DESMEMBRAMENTO DE IMÓVEIS

CAPÍTULO 1 – TOPOGRAFIA CADASTRAL: PRINCIPAIS LEIS E O IMPACTO DAS MESMAS NO NOSSO DIA A DIA

Antes de mergulhar fundo no parcelamento do solo propriamente dito, deixe-me te guiar de uma maneira muito prazerosa pelo atual estado da arte da legislação cadastral vigente.

Tentarei fazer isso da maneira mais simples e fluida possível. Para isso, irei amarrar a história da legislação cadastral ao avanço da tecnologia.

Para que você entenda melhor o tema irei dividir o mesmo em 3 partes. São elas:

- Colonização;
- O engatinhamento do cadastro e;
- Estado da arte.

Parte 1 – Colonização

Portugal nas primeiras décadas após o "descobrimento" não queria colonizar estas terras. Isso porque era mais fácil fazer negócios com a Ásia.

Na realidade, o que Portugal queria era ouro e outros minerais preciosos, porém isso não foi encontrado no litoral brasileiro.

Somente com o tempo descobriu-se que o pau Brasil, que era abundante no litoral brasileiro, podia ser utilizado para o tingimento de roupas. Foi então que foram feitas diversas incursões com o intuito de extrair-se esta riqueza.

Um efeito colateral da febre do Pau Brasil foi que esta terra passou a ser observada por outros Países.

Com isso, o Brasil (que na época se chamava Terra de Vera Cruz) teve várias invasões feitas por outros povos que também queriam extrair as riquezas aqui existentes.

A ocorrência destas invasões fez com que Portugal corresse o risco de perder estas terras.

Com isso, em 1530 o rei de Portugal decidiu implementar o sistema de sesmarias, que fez com que as terras que até então eram públicas, passassem a ser particulares.

Este regime perdurou até a independência do Brasil em 1822.

Brasil sem leis cadastrais

Um fato interessante é que com a independência do Brasil e consequente queda do sistema de sesmarias, o País ficou sem legislação cadastral vigente.

Neste período, entre 1822 e 1850 o que funcionava era a ocupação do solo mediante a simples tomada de posse.

Talvez isso soe para você como um absurdo, porém lembre-se que naquela época a grande maioria das terras aqui existentes eram ocupadas somente pelos índios.

Perceba que com isso não se fazia necessária a existência de uma legislação rigorosa.

Parte 2 – O engatinhamento do cadastro

Passada a fase da colonização, finalmente começou-se a pensar no cadastro de terras no Brasil...

Quero dizer, não foi bem assim!

Existe até um fato muito interessante envolvendo a legislação cadastral nacional. Em 1843 foi instituída a lei orçamentária 317.

Esta lei teve como finalidade regularizar o crédito. Isso mesmo, o Brasil teve uma lei de regularização hipotecária antes mesmo de ter uma lei que regularizasse a propriedade.

Com isso, a pessoa ainda não era dona, mas podia hipotecar as terras das quais era posseira.

Somente em 1850 que o Brasil teve sua primeira lei considerada cadastral. Estou me referindo a lei 601 e seu regulamento nº 1.113 de 1854.

A novidade trazida por esta lei foi que a mesma discriminou os bens públicos dos privados.

Com isso, esta lei legitimou a aquisição pela posse, discriminando o que era público do que era posse.

Outro fato interessante é que nesta época o que vigorava era o chamado registro do vigário. O mesmo tinha este nome porque o vigário fazia o registro no livro da paróquia.

Este registro era obrigatório aqueles que possuíam terras devolutas.

No caso, terras devolutas são terras públicas que não são utilizadas pelo estado.

As mesmas, mesmo que sejam utilizadas por um particular, em nenhum momento integrarão o patrimônio do mesmo, ainda que estejam irregularmente sob sua posse.

O termo "devoluta" relaciona-se ao conceito de terra devolvida ou a ser devolvida ao Estado.

Porém, o registro do vigário tinha apenas um caráter estatístico, não garantindo a propriedade da terra.

A grande vantagem deste registro é que o mesmo fixou a percepção de que o registrador deve estar na comunidade a qual está registrando os imóveis.

Por isso que hoje, normalmente cada município ou região possui um tabelionato de registro de imóveis.

Além disso, nesta época a transferência da posse não era através de contrato, mas sim, pela tradição.

A tradição era a relação de direito real, enquanto o título era apenas a tradução de uma relação de direito pessoal.

Este modelo de transferência de terras segue os moldes da teoria Romana do "título" e do "modo de adquirir".

Com o passar do tempo esta forma de transmissão de terras começou a apresentar problemas. Isso porque tornou-se comum o vendedor exercer a posse em nome do comprador (*E você achando que pessoas falcatruas são coisas do século 21*).

Brincadeiras à parte, isso fez com que o crédito fosse comprometido e resultou no surgimento em 1864 de uma lei abordando o registro de terras propriamente dito.

Me refiro a lei 1.237 que criou o Registro Geral.

Entre os avanços trazidos pela mesma está a adoção dos 8 livros principais para e escrituração dos registros.

Devo salientar que esta lei não constitui um sistema registral completo, mas apenas os primeiros passos.

O maior benefício trazido pela mesma provavelmente foi quanto ao modo de transferência da propriedade, que passou da tradição para a transcrição.

Sim, finalmente nasceu o famoso e tanto criticado sistema de transcrições.

O surgimento do problema da falta de moradia

Em 1888 houve a libertação dos escravos través da Lei Aúrea.

Como quem mandava no País eram os grandes proprietários de terras, principalmente os plantadores de café, isso deixou os mesmos extremamente indignados.

Como consequência, em 1889, os mesmos convenceram o Marechal Deodoro da Fonseca a dar o golpe militar, o qual conhecemos hoje como proclamação da república.

O Eduardo Bueno possui um vídeo muito bom a respeito em seu canal no youtube. O título do mesmo é:

Deodoro da fonseca, o primeiro ditador brasileiro

O link do mesmo é:https://youtu.be/iDkYixTRgyg

Com a proclamação da república, a lei 1.237 foi substituída pelo decreto 169-A e seu regulamento, ambos datados de 1890.

Este decreto trouxe o princípio da especialização, que foi o primeiro de uma série de princípios registrais importantíssimos.

Porém, o que praticamente nenhum livro de história fala é sobre o que aconteceu nesta época.

Isso porque até 1888 os escravos eram propriedade dos donos de terras.

Como tal, os mesmos, bem ou mal, tinham um lugar para viver, que era a senzala.

A situação era horrível, porém, os mesmos viviam lá.

Acontece querida pessoa, que com a Lei Aúrea surgiu um grande problema.

Isso porque com a libertação dos escravos, estas pessoas saíram das fazendas, porém simplesmente não tinham aonde morar.

Isso porque os proprietários de terras já não queriam as mesmas em suas propriedades.

Os mesmos trouxeram imigrantes para trabalhar suas terras.

Como consequência, estas pessoas foram excluídas do sistema, tendo que sobreviver como conseguissem.

Muitas ficaram na beirada das estradas, outras foram para as cidades e acabaram tendo que pedir esmolas.

Ou simplesmente, que aceitar o emprego que aparecesse, por mais humilhante que fosse.

Perceba que foi nesta época que surgiu um dos piores problemas existentes no Brasil.

Me refiro ao problema da falta de moradia.

Isso porque os escravos que já não trabalhavam até morrer para enriquecer um senhor de terras, ganharam sua liberdade, porém foram excluídos do sistema.

Isso porque embora livres, não tinham onde trabalhar e nem mesmo um lugar para chamar de seu.

Como consequência, acabaram tendo que ir morar nos piores lugares possíveis, nos morros e, enfim, o governo e a sociedade brasileira enxotou, jogando-os para a margem do sistema.

Como consequência tivemos o surgimento das favelas. Problema este que até hoje é um grave problema social brasileiro.

Me refiro ao problema da falta de moradia.

Perceba que estas pessoas foram libertadas, porém marginalizadas.

Só tinham um direito, direito este que alías, possuem até hoje, o direito de levar bala.

O direito de verem seu sangue jorrar.

Pessoas excluídas pelo sistema e marginalizadas.

Pessoas que até hoje são mortas diariamente por causa do preconceito.

Perceba que o racismo é um mal presente até hoje na sociedade brasileira.

Porém, que o mesmo está camuflado, parecendo não existir.

Aconselho que você assista 2 vídeos muito bons do Eduardo Bueno. São eles:

A história da primeira favela do Brasil. Link:

https://www.youtube.com/watch?v=9fx9p-tvD0s

E

O avanço das Favelas. Link:

https://www.youtube.com/watch?v=ye-Ymqnl2lA

Assim, talvez você entenda o quão grave é o problema da falta de moradia.

Quanto ao racismo, existe um documentário muito bom que todas as pessoas deveriam assistir, se chama **Olhos azuis**. O mesmo foi produzido por Jane Elliott.

É só pesquisar por "documentário olhos azuis" no youtube que virão vários vídeos. Assista.

Uma vez escancarado e que você esteja sensibilizado sobre estes problemas, vamos dar sequência na nossa análise histórica.

O avanço da legislação cadastral

Em 1917, com a entrada em vigor do código civil de 1916, o registro geral passou a ser denominado registro de imóveis.

Uma das grandes vantagens desta lei é que a mesma consagrou o princípio de que a propriedade se adquire pelo registro, atraindo também para si as transmissões via causa mortis.

O registro civil também trouxe uma série de outros princípios importantes. Nos próximos capítulos irei trazer os mesmos.

O problema do código civil é que o mesmo uniu a atividade registral a atividade civil. Com isso, entre os anos de 1917 e 1939, a atividade registral fazia parte da atividade civil.

Foi então que em 1939 fez-se necessário o surgimento do regulamento 4.857 que separou essas atividades.

Na realidade, nesta época o cadastro imobiliário era impraticável, isso porque não existia nenhum método de obtenção de dados que possibilitasse tal cadastro.

Isso mudou em 1948, devido ao surgimento da aerofotogrametria, que somente mais tarde passou a ser utilizada para o cadastro propriamente dito.

Além disso, como informei anteriormente, neste período o que predominava era o sistema de transcrições.

Uma transcrição nada mais é do que um breve relato dizendo que determinada pessoa possui uma área de terras em determinado local.

Por exemplo:

"*Uma fração de terras em nome de Dorival Santos na localidade de Vila Andrade.* "

Com o passar do tempo, as transcrições começaram a trazer mais detalhes, citando os confrontantes. Porém, mesmo assim a descrição era muito precária.

Ou melhor, era muito precária se levarmos em consideração o atual estado da arte da legislação cadastral. Para a época esta descrição era o que de melhor existia.

Perceba que estamos falando de 1950. Época na qual os principais equipamentos existentes para o cálculo de área eram a corrente de agrimensor e o teodolito.

Somente a partir da década de 70 foi que surgiram as primeiras estações totais e, posteriormente, nos anos 90, que o posicionamento pelo GNSS se popularizou.

A legislação funcionava muito bem para a época, pois naquela época, o que de melhor existia em termos de posicionamento era a bússola, a qual possibilitava a obtenção de rumos e azimutes.

Quanto ao sistema de transcrições, o mesmo trouxe muitos problemas ao longo das últimas décadas e continuará trazendo problemas durante as próximas décadas.

Porém, como disse, não é que o mesmo fosse errado e sim, que a tecnologia teve uma evolução vertiginosa nos últimos 50 anos.

Eu digo isso porque o sistema de transcrições foi utilizado até 1973. Ano no qual foi instituída a lei 6.015.

Se pegarmos uma pessoa que tinha algo no entorno de 25 anos em 1972 e que adquiriu uma área de terras via transcrição, hoje a mesma possui algo no entorno de 75 anos.

Perceba que existe uma grande probabilidade desta pessoa não ter vendido esta área de terras.

Ou seja, o documento mais recente que se encontra da mesma ainda é uma transcrição.

Como você deve imaginar, isso faz com que ainda existam muitas transcrições ativas no mercado.

Parte 3 – O estado da arte

No dia 31 de dezembro de 1973 foi homologada a Lei 6.015, também conhecida como lei dos registros públicos.

A mesma preocupou-se principalmente com o fluxo interno dos papéis nos cartórios.

A principal mudança trazida por esta lei foi a união da inscrição e da transcrição em um só termo, o registro.

A outra novidade trazida pela lei 6.015 foi o surgimento da matrícula e sua exigibilidade como pré-requisito para o registro.

A mesma também discorreu sobre outros assuntos inerentes ao registro de imóveis. Entre eles:

- Retificação dos assentos;
- Processo de dúvida;
- Desmembramento;
- A união de imóveis contíguos;
- O protocolo.

Existiram várias outras leis, decretos e instruções normativas entre 1964 e os dias atuais, que de alguma maneira influenciam no registro e no cadastro de imóveis.

Eu irei elencar as mesmas abaixo. Desta maneira, caso deseje, você possuirá um ponto de partida para estudos mais aprofundados.

Leis, decretos, NBRs e instruções normativas que afetam o cadastro de imóveis

Lei nº 4.504/64 – Estatuto da terra;

Lei nº 4.591/64 – Condomínio – Várias pessoas passam a poder ter o domínio de um bem;

Artigo decreto n° 55.892/65 – Conceituou o que é um módulo rural;

Lei n°4.947/66 – Fixa normas de direito agrário, dispõe sobre o sistema de organização e funcionamento do INCRA;

Decreto 62.504/68 – Regulamenta o artigo 65 do estatuto da terra e dá outras providências;

Decreto lei Nº 1.110/70 - Cria o Instituto Nacional de Colonização e Reforma Agrária (INCRA), extingue o Instituto Brasileiro de Reforma Agrária (IBRA), o Instituto Nacional de Desenvolvimento Agrário e o Grupo Executivo da Reforma Agrária e dá outras providências;

Lei nº 5.868/72 – Instituiu o sistema nacional de cadastro rural e a fração mínima de parcelamento;

Decreto n° 72.106/73 – Criou o módulo do imóvel rural;

Instrução especial n° 5/73 – Fixou o tamanho do módulo rural;

Lei n° 6015/73 – Dispõe sobre os registros púbicos;

Lei nº 6.739/79 - Dispõe sobre a matrícula e o registro de imóveis rurais e dá outras providências;

Lei n° 6.746/79 - Altera o disposto nos arts. 49 e 50 da Lei nº 4.504, de 30 de novembro de 1964 (Estatuto da Terra), e dá outras providências;

Lei nº 6.766/79 – Parcelamento do solo urbano no registro imobiliário;

Lei nº 8.629/93 – Dispõe sobre a regulamentação dos dispositivos constitucionais relativos à reforma agrária;

NBR 13.133 – Execução de levantamento topográfico. Trouxe as diferentes definições, aparelhagem, condições gerais, especificas e faz outras disposições.

Lei nº 8.935/94 – Conhecida como lei dos notários e registradores – Dispõe sobre os serviços cartoriais e de registro;

Lei 9.393/96 – Dispõe sobre o ITR – Pagamento das dívidas por títulos de dívida agrária;

NBR 14.166 – Rede de referência cadastral municipal – Procedimento;

Lei nº 10.257/2001 – Estatuto da cidade;

Lei 10.267/ 01 – Serve de instrumento de registro público e de instrumento de cadastro;

Decreto nº 4.449/2002 – Regulamentou a lei 10.267 resolvendo uma série de questões a respeito da implementação da mesma;

Instrução normativa 256/02 – Dispõe sobre normas de tributação relativas ao ITR;

Lei n° 10.931/2004 – Faz uma série de alterações na legislação vigente;

Provimento nº 07/2005-CGJ – Projeto gleba legal;

Decreto n° 5.570/2005 – Alterou o decreto 4.449/2002;

Instrução Normativa nº 861/08 - Alterou a Instrução Normativa nº 256/02, dando nova redação a mesma;

Lei nº 11.952/2009 - Dispõe sobre a regularização fundiária das ocupações incidentes em terras situadas em áreas da União, no âmbito da Amazônia Legal;

Lei n° 11.977/2009 – Dispõe sobre o Programa Minha Casa, Minha Vida – PMCMV e a regularização fundiária de assentamentos localizados em áreas urbanas;

Lei n° 12.651/2012 – Dispõe sobre a proteção da vegetação nativa. É conhecida como Novo Código Florestal;

Norma de execução INCRA nº 107/2013 - Estabelece os procedimentos a serem realizados pelo INCRA para promover a gestão da certificação de imóveis rurais;

Instrução normativa nº 77/2013 - Regulamenta o procedimento de certificação da poligonal objeto de memorial descritivo de imóveis rurais;

Instrução normativa 1467/2014 – Dispõe sobre o cadastro de imóveis rurais (CEFIR);

Instrução normativa 1582/2015 – Procedimentos para a atualização cadastral no SNCR;

Lei nº 13.105/2015 – Novo código do processo civil - Regula um procedimento administrativo extrajudicial para a usucapião de bens imóveis;

Instrução normativa conjunta RFB/INCRA 1581/15 – Estabelece prazos e procedimentos para a atualização do SNCR e do Cafir (Integração/estruturação do CNIR);

Lei n° 13.465/2017 – Faz modificações no procedimento da alienação fiduciária de bens imóveis;

Norma de Execução 02, de 19 de fevereiro de 2018 - Aborda o uso de drones em processos de Georreferenciamento de Imóveis Rurais;

Lei nº 13.838/2019 – Simplificou o georreferenciamento de imóveis rurais ao alterar a lei nº 6.015 (Lei de Registros Públicos), dispensando a anuência dos confrontantes na averbação do georreferenciamento de imóvel rural.

Instrução normativa conjunta RFB/INCRA 1968/20 – Dispõe sobre a obrigatoriedade de vinculação de imóveis inscritos no Sistema Nacional de Cadastro Rural (SNCR) e no Cadastro de Imóveis Rurais (Cafir) para fins de estruturação do Cadastro Nacional de Imóveis Rurais (CNIR);

Instrução Normativa nº 2008/21. Dispõe sobre o Cadastro de Imóveis Rurais (Cafir).

São estas as principais leis, decretos, NBRs e instruções normativas que de alguma maneira afetam o registro de imóveis.

Naturalmente, existem algumas leis e instruções normativas que podemos dizer que são mais importantes.

Por exemplo, a lei 6.015/73, que definiu que todo trabalho técnico precisa da produção de planta, memorial descritivo e da emissão de ART, fazendo também a migração do sistema de transcrições para o sistema de matrículas.

Também temos a NBR 13.133, a qual fez as diferentes definições, trazendo também os diferentes métodos de levantamento topográfico.

Outro sim, eu não citei aqui as NBRs de desenho técnico. Nós teremos um capítulo especifico a respeito desta temática, no qual mergulharemos fundo na confecção de plantas e mapas.

LEI 10.267 – O FUTURO DA TOPOGRAFIA CADASTRAL

A lei 10.267/2001 não trouxe nenhuma modificação no âmbito jurídico, o que ela fez foi modificar as leis n° 4947/66, 5.868/72, 6.015/73, 6.739/79 e 9.393/96.

A mesma implementou o sistema cadastral nacional, que tinha sido criado pela lei 5.858/72.

As principais vantagens trazidas pela implementação deste sistema são:

- A garantia da propriedade, uma vez que antes da implantação da mesma era possível a grilagem de terras e;
- A implementação de um sistema cadastral moderno acessível a consulta de qualquer pessoa.

A implementação da lei 10.267 está tendo grande hesito, pois, a mesma aprendeu muito com outros sistemas cujas implementação foi catastrófico.

Como exemplos temos os cadastros técnicos urbanos de São Paulo e de Curitiba.

Um dos piores erros cometidos por estes cadastros refere-se a mão de obra contratada para o levantamento de dados. Os mesmos não se preocuparam em utilizar mão de obra capacitada e tiveram dados errados cadastrados em suas bases.

Este erro, juntamente com outros, como, por exemplo, a grande quantidade de lotes que precisavam ser cadastrados em São Paulo, inviabilizou a implementação destes cadastros.

A lei 10.267 está tendo hesito justamente porque definiu que apenas profissionais com capacitação comprovada podem realizar serviços de Georreferenciamento de Imóveis Rurais.

Naturalmente, a mesma precisou sofrer uma série de alterações durante o processo de sua implementação.

Em 2002, o decreto nº 4.449 fez a regulamentação da mesma.

Posteriormente, em 2005, o decreto n° 5.570 alterou o decreto 4.449.

Em 2013 tivemos a norma de execução INCRA nº 107, a qual estabelece os procedimentos a serem realizados pelo INCRA para promover a gestão da certificação de imóveis rurais;

Em 2013 também tivemos a instrução normativa nº 77, a qual regulamenta o procedimento de certificação da poligonal objeto de memorial descritivo de imóveis rurais.

Em 2018 a Norma de Execução 02 abordou a utilização do sensoriamento remoto, permitindo a utilização de drones em pontos do tipo P.

Finalmente, em 2019, a lei nº 13.838 dispensou a anuência dos confrontantes na averbação do georreferenciamento de imóvel rural.

Também tivemos 3 edições da norma técnica para o georreferenciamento de imóveis rurais.

A primeira foi publicada no mês de novembro de 2003.

Posteriormente, no mês de fevereiro de 2010, foi publicada a segunda edição e, finalmente no mês de setembro de 2013 foi publicada a terceira edição, a qual foi homologada pela portaria Nº 486.

O INCRA também produziu uma série de Manuais técnicos, os quais ajudam o Agrimensor a proceder de maneira diligente. São eles:

- Manual do SIGEF;
- Manual técnico de posicionamento;
- Manual técnico de limites e confrontações e;
- Manual para a gestão da certificação.

Todo profissional que almeja prestar serviços de georreferenciamento de imóveis rurais deve obrigatoriamente ler estes manuais.

Os mesmos podem ser acessado na guia documentos no site do SIGEF.

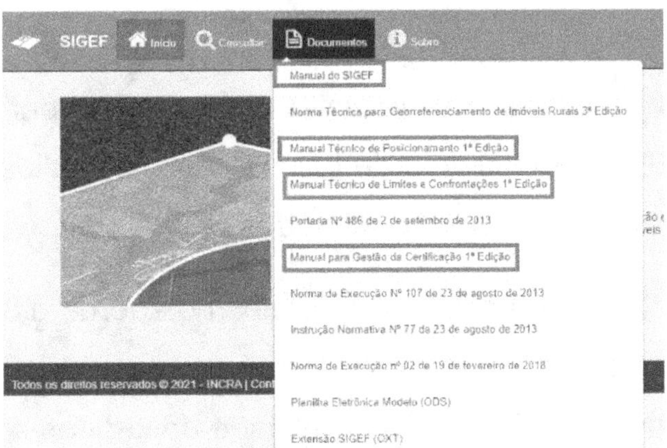

Para isso é só acessar o link:

https://sigef.incra.gov.br/

Cada novo manual técnico trouxe melhorias, se somando aos manuais anteriores, melhorando assim o sistema como um todo.

Essa fluidez possibilitou a melhoria continua, o que fez com que o Georreferenciamento de imóveis rurais tenha hesito, garantindo o direito a propriedade ao evitar a grilagem de terras.

Os direitos/deveres do Agrimensor

O fato da responsabilidade pelos dados ser do profissional só reforça tal hesito.

Muitos profissionais ficaram apavorados com isso, porém sob a ótica do sistema cadastral nacional isso é ótimo.

Isso porque um sistema como este, para ser bem-sucedido, deve acima de tudo garantir a qualidade de seus dados.

Lembre-se que o mesmo aborda o direito a propriedade, direito este que é um dos maiores direitos existentes. Ou seja, a qualidade dos dados precisa ser garantida.

Perceba também a importância do trabalho do Agrimensor, pois é você que mesmo diante das condições climáticas e topográficas mais adversas, chega aonde muitas vezes nem sequer o proprietário consegue chegar.

Perceba também que todo Agrimensor tem um direito/dever quanto aos dados que obtém, uma vez que a qualidade do trabalho do mesmo é um grande diferencial na implementação deste sistema que está revolucionando o cadastro de imóveis no Brasil.

A grande vantagem da implementação da lei 10.267 virá a partir dos próximos anos, quando a grande maioria dos imóveis rurais estiverem Georreferenciados.

Naturalmente, existe todo tipo de profissional no mercado, inclusive muitos profissionais que mesmo tendo obtido o cadastro juntamente ao INCRA, não estão obedecendo a legislação vigente.

Se eu lhe contasse as histórias que já me foram relatadas por alunos e profissionais da área, você ficaria de cabelo em pé.

Infelizmente, existem muitos profissionais prestando serviços de georreferenciamento de maneira completamente errada.

Este é inclusive um tema que faz meu estômago embrulhar, pois infelizmente muitos "*profissionais*" só querem saber de ganhar dinheiro e acabam agindo de má fé.

Por isso não dá para ter pena dos mesmos. Eles estão cientes da importância do georreferenciamento, porem, como são antiéticos, fazem as coisas da maneira errada.

Ao fazerem isso, os mesmos estão cavando a própria sepultura. Isso porque conforme os imóveis confrontantes forem georreferenciados, os erros aparecerão e estes profissionais terão sérios problemas.

Eu digo isso porque conforme informei anteriormente, segundo a legislação vigente, o profissional que cometer algum erro no levantamento dos dados ficará com todos os custos da retificação do mesmo.

Imagine o tamanho do transtorno que terão os profissionais que ainda não entenderam o tamanho da responsabilidade que está em seus ombros, não buscando se capacitar e assim, prestar serviços de altíssima qualidade.

Ou ainda, que em uma busca inconsequente por ganhar mais dinheiro, estão utilizando procedimentos inadequados.

Perceba que chegará um momento no qual os mesmos simplesmente se depararão com o problema de o INCRA exigir que diversos de seus Geos. (Talvez até mesmo todos) sejam retificados.

Imagine como ficará a imagem destes "*profissionais*" junto a seus clientes. Isso sem falar do dinheiro e do tempo que eles gastarão tendo que refazer os serviços.

Ressalto que estamos falando do direito à propriedade e da implantação do sistema cadastral rural nacional. Isso exige responsabilidade e ética acima de tudo.

Como informei anteriormente, a responsabilidade é grande, sendo que você possui um direito/dever.

Isso porque você é um ator essencial para o sucesso do Georreferenciamento de imóveis rurais.

Perceba que o seu serviço como agrimensor é de grande importância, pois é ele que vai garantir a implantação deste sistema, garantindo o direito à propriedade.

Logo, aja de maneira ética, prestando serviços de altíssima qualidade.

Você tem o direito de cobrar o preço justo pelos seus serviços e o dever de prestar serviços de altíssima qualidade.

Também tem o dever de informar seus clientes e de denunciar ao INCRA profissionais que estejam agindo de má fé.

Perceba isso, que não podemos ser complacentes, que os mesmos estão sendo muito bem pagos, tendo a obrigação de prestar serviços de acordo com a legislação vigente.

Logo, se estão agindo de má fé, precisam ser denunciados. Até mesmo porque se você for complacente, corre o risco de ter sérios problemas junto ao INCRA.

Infelizmente, o georreferenciamento de imóveis rurais possui muitos detalhes, de certa maneira que não tem como eu mergulhar fundo no mesmo neste livro.

Porém, caso você deseje dominar o assunto, dominando o georreferenciamento de imóveis rurais do início ao fim e prestando serviços com grande velocidade e com segurança, tenho 2 boas notícias para você.

A primeira delas é o ***Método Georreferenciamento Sem Mistérios***, um treinamento cirúrgico que possui simplesmente tudo que você precisa saber sobre o tema.

Com apenas 1 ou 2 serviços que preste, você pagará o investimento feito no mesmo, podendo usufruir dos conhecimentos obtidos pelo resto de sua vida, prestando serviços com segurança e ganhando dinheiro.

Para conhecer melhor a estrutura deste fabuloso treinamento e garantir sua vaga é só acessar o link abaixo:

https://adenilsongiovanini.com.br/geo-sem-misterios-x/

A segunda boa notícia é o ***Livro Topografia Cadastral E Georreferenciamento De Imóveis Rurais Na Prática***. Desde que foi lançado, o mesmo é o livro mais vendido do Brasil sobre o tema.

Conheça melhor o mesmo. Link:

https://adenilsongiovanini.com.br/georreferenciamento-de-imoveis-rurais-na-pratica/

REGULARIZAÇÃO FUNDIÁRIA URBANA – LEI Nº 13/465/2017

No que se refere a legislação a respeito da regularização fundiária urbana, existem 3 leis principais. São elas:

- Lei 6.766/79 (lei do parcelamento do solo urbano);
- Lei 11.977/2009 (Lei do programa minha casa, minha vida) e;
- Lei 13.465/2017 (lei da regularização fundiária rural e urbana).

No caso, ao comprar este livro, você ganhou uma série de bônus extras, um deles é o bônus sobre usucapião extrajudicial.

Se você adquiriu a versão digital do livro, recebeu o acesso automático ao mesmo.

Caso tenha adquirido a versão física, é só me enviar um e-mail ou uma mensagem no WhatsAPP que libero os bônus extras para você.

Meu e-mail é adenilsongiovanini@hotmail.com.

Impactos da lei do parcelamento do solo na regularização fundiária urbana

A lei 6.766/79 é a lei que rege o parcelamento do solo urbano, sendo que a mesma em seu artigo 2º, informa que:

"O parcelamento do solo urbano poderá ser feito mediante loteamento ou desmembramento, observadas as disposições desta Lei e as das legislações estaduais e municipais pertinentes.

§ 1o Considera-se loteamento a subdivisão de gleba em lotes destinados a edificação, com abertura de novas vias de circulação, de logradouros públicos ou

prolongamento, modificação ou ampliação das vias existentes.

§ 2o Considera-se desmembramento a subdivisão de gleba em lotes destinados a edificação, com aproveitamento do sistema viário existente, desde que não implique na abertura de novas vias e logradouros públicos, nem no prolongamento, modificação ou ampliação dos já existentes.

§ 4o Considera-se lote o terreno servido de infraestrutura básica cujas dimensões atendam aos índices urbanísticos definidos pelo plano diretor ou lei municipal para a zona em que se situe. "

Ou seja, a lei 6.766/79 definiu os 2 diferentes tipos possíveis de parcelamento do solo urbano (desmembramento e loteamento), definindo também as condições nas quais tais parcelamentos podem ser feitos.

A lei do parcelamento do solo também definiu o conceito de lote, definindo que a prefeitura, através plano diretor ou de lei municipal deve definir as dimensões dos lotes.

Ou seja, todo parcelamento do solo deve obedecer a lei municipal a respeito do tema. Nos próximos capítulos do livro mergulharemos fundo no tema.

CAPÍTULO 2 – ALGUNS CONCEITOS CADASTRAIS QUE VOCÊ PRECISA DOMINAR

Quando se fala em Topografia e Legislação Cadastral, existe uma de dúvidas comuns entre os profissionais da área.

Também existe uma série de princípios, conceitos e conhecimentos que todo Agrimensor precisa entender.

Neste capítulo nós fortaleceremos suas fundações, de certa maneira que você obterá uma série de conhecimentos essenciais.

QUANDO QUE É NECESSÁRIO TRABALHO TÉCNICO?

A este respeito a lei 6.015/73 em seu artigo 195-A traz a seguinte passagem:

"O Município poderá solicitar ao cartório de registro de imóveis competente a abertura de matrícula de parte ou da totalidade de imóveis públicos oriundos de parcelamento do solo urbano implantado, ainda que não

inscrito ou registrado, por meio de requerimento acompanhado dos seguintes documentos:

I - planta e memorial descritivo do imóvel público a ser matrículado, dos quais constem a sua descrição, com medidas perimetrais, área total, localização, confrontantes e coordenadas preferencialmente georreferenciadas dos vértices definidores de seus limites; "

Ou seja, sempre que for necessário um parcelamento, desmembramento, remembramento ou a transmissão de um imóvel, você precisará apresentar um requerimento, acompanhado da planta, do memorial descritivo e de ART ou RRT no caso dos técnicos.

Quanto a retificação de imóveis rurais, dependendo do tipo de retificação, não se faz necessária a emissão da planta, do memorial descritivo e da ART.

Isso porque na retificação extrajudicial, se faz necessária a produção de tal documental somente se a retificação for por procedimento sumário ou por procedimento ordinário.

Já na retificação judicial, sempre será necessário a apresentação destes documentos.

QUAIS OS PAPÉIS DO INCRA E DO IRIB

Vamos entender quais são os papéis, funções e cadastros do INCRA e do IRIB.

Papel, função e cadastro do INCRA

O INCRA nasceu com o intuito de garantir a função social dos imóveis.

O mesmo gerencia o Sistema Nacional de Cadastro Rural (SNCR). Sistema este no qual todos os imóveis rurais devem estar cadastrados.

O INCRA se baseia na utilização do termo "*imóvel rural*". No caso, o Estatuto da Terra (Lei 4.504/64) em seu art. 4º, inciso I, define "Imóvel rural", como sendo:

"O prédio rústico, de área contínua qualquer que seja a sua localização que se destina à exploração extrativa agrícola, pecuária ou agro-industrial, quer através de planos públicos de valorização, quer através de iniciativa privada. "

Perceba que para o INCRA, não interessa se este prédio é formado por uma área de posse, uma ou mais matrículas ou, se é uma situação mista.

Conforme informei anteriormente, a função do INCRA é garantir que todos os imóveis rurais estejam cumprindo sua função social.

Caso o imóvel rural possua mais de 15 módulos fiscais e não esteja sendo produtivo, o INCRA desapropriará o mesmo, distribuindo seu uso para famílias que irão dar uma função social para o mesmo.

Para que um imóvel rural esteja cadastrado o SNCR não interessa se o mesmo é uma área de posse ou uma propriedade imobiliária.

Papel, função e cadastro do IRIB

O IRIB zela pelo direito a propriedade da terra.

Para o IRIB, a figura do imóvel rural, que é a visão do INCRA é uma deturpação.

Isso porque é inaceitável a existência de áreas de posse, de propriedades imobiliárias ou de uma situação mista em uma mesma matrícula.

Na realidade, o IRIB segue uma série de princípios registrais os quais eu mostrarei para você nos próximos tópicos.

Por causa disso, a denominação utilizada pelo IRIB não é a de imóvel rural, mas sim a de "*propriedade imobiliária*".

"Uma propriedade imobiliária é representada única e exclusivamente por uma matrícula e uma matrícula representa uma e apenas uma propriedade imobiliária. "

Além disso, a propriedade imobiliária é uma fração de terras de área continua.

Isso significa que não tem como uma matrícula possuir áreas de terras que não sejam continuas.

E o SIGEF nesta história toda

Perceba que o INCRA e o IRIB possuem visões diferentes. Com isso, tornasse complicado a existência de uma ferramenta compartilhada entre estes órgãos.

Desta maneira, o INCRA, embora aceite áreas de posse no SNCR, aceita somente propriedades imobiliárias no SIGEF.

Veja um rápido resumo das etapas de um processo de Georreferenciamento:

- A planilha ods é enviada para o SIGEF pelo agrimensor;
- Caso não haja sobreposição de área, o profissional pode proceder com o processo junto ao registro de imóveis, caso contrário precisará retificar o erro;
- O agrimensor leva o dossiê com todos os documentos necessários até o registro de imóveis;
- O profissional de registro verifica se está tudo certo com o processo de georreferenciamento. Ou seja, se o direito de propriedade do proprietário e também dos confrontantes é respeitado;
- Se estiver tudo certo com o processo, o profissional de registro gera a nova matrícula da propriedade, acessa o SIGEF e em um campo especifico dá o ok dele;
- Um profissional do INCRA analisa o processo e se estiver tudo ok, atribui um novo número ao imóvel no SNCR;

- O profissional do INCRA entra em contato com o profissional do registro, informando o novo número do imóvel no SNCR;
- O profissional de registro, através de uma retificação de ofício, averba o novo número na matrícula.

Perceba que a troca de informações entre o registro de imóveis e o INCRA é grande e, que o SIGEF é um sistema 100% seguro, no qual apenas propriedades imobiliárias estão cadastradas.

Agora que você entendeu quais são os papéis do INCRA e do IRIB, quero trazer 10 princípios registrais.

Entender os mesmos é importante porque o registro de imóveis se baseia nos mesmos.

Mas primeiramente, vamos entender melhor o direito a propriedade.

PROPRIEDADE IMOBILIÁRIA – UM DIREITO GARANTIDO PELA CONSTITUIÇÃO

A constituição federal, em seu artigo 5°, § XXII, traz a seguinte passagem.

"É garantido o direito de propriedade; "

Desde então, o mesmo vem sofrendo constantes aperfeiçoamentos conceituais.

No início, o direito à propriedade era absoluto, baseado somente e inteiramente nos interesses do proprietário.

Hoje em dia, este direito continua sendo garantido pela lei 10.406/2002 (Lei que institui o código civil). A mesma em seu artigo 1.228, traz a seguinte passagem:

"O proprietário tem a faculdade de usar, gozar e dispor da coisa, e o direito de reavê-la do poder de quem quer que injustamente a possua ou detenha.

§ 1º O direito de propriedade deve ser exercido em consonância com as suas finalidades econômicas e sociais e de modo que sejam preservados, de conformidade com o estabelecido em lei especial, a flora, a fauna, as belezas naturais, o equilíbrio ecológico e o patrimônio histórico e artístico, bem como evitada a poluição do ar e das águas.

§ 2º São defesos os atos que não trazem ao proprietário qualquer comodidade, ou utilidade, e sejam animados pela intenção de prejudicar outrem.

§ 3º O proprietário pode ser privado da coisa, nos casos de desapropriação, por necessidade ou utilidade pública ou interesse social, bem como no de requisição, em caso de perigo público iminente.

§ 4º O proprietário também pode ser privado da coisa se o imóvel reivindicado consistir em extensa área, na posse ininterrupta e de boa-fé, por mais de cinco anos, de considerável número de pessoas, e estas nela houverem realizado, em conjunto ou separadamente, obras e serviços considerados pelo juiz de interesse social e econômico relevante.

§ 5º No caso do parágrafo antecedente, o juiz fixará a justa indenização devida ao proprietário; pago o preço, valerá a sentença como título para o registro do imóvel em nome dos possuidores. "

Porém, o direito a propriedade precisa ser exercido nos limites do que se denomina "*função social da propriedade*". Termo este utilizado no artigo 5°, § XXIII:

"A propriedade atenderá a sua função social"

E no artigo Art. 1.228, § 1º do Código Civil:

"O direito de propriedade deve ser exercido em consonância com as suas finalidades econômicas e sociais e de modo que sejam preservados, de

conformidade com o estabelecido em lei especial, a flora, a fauna, as belezas naturais, o equilíbrio ecológico e o patrimônio histórico e artístico, bem como evitada a poluição do ar e das águas. "

Ou seja, o que a pessoa possui é o direito a propriedade, desde que que respeite as leis (federais, estaduais e municipais) que incidam sobre a coisa (imóvel, móvel, material ou imaterial).

Por exemplo:

- O imóvel que sedia uma fábrica em local proibido pela Lei municipal de zoneamento urbano está descumprimento sua função social;
- Um imóvel urbano não edificado, localizado no centro da cidade, esperando (e especulando) uma enorme valorização imobiliária está descumprindo sua função social.

A lei Federal 10.257/01 (Estatuto da Cidade) impõe sanções ao imóvel que não cumpre sua função social, estabelecendo, inclusive, a possibilidade de edificação compulsória e eventual desapropriação àquele imóvel que não está sendo utilizado ou está sendo subutilizado.

O que é preciso para que uma pessoa tenha a propriedade de um bem imóvel

A propriedade é um direito real, sendo que para ter a propriedade de um bem imóvel, a pessoa precisará registrar o mesmo no cartório de registro de imóveis.

Ao registrar o imóvel, será emitida a matrícula, sendo que a mesma dá o direito a propriedade imobiliária e todos os benefícios provenientes da obtenção deste direito.

Conforme mostrei anteriormente, o código civil traz o seguinte conceito para o termo proprietário:

"O proprietário tem a faculdade de usar, gozar e dispor da coisa, e o direito de reavê-la do poder de quem quer que injustamente a possua ou detenha. "

Documentação necessária para registrar o imóvel

Conforme mostrei anteriormente, a lei 6.015/73 (Lei dos registros públicos), em seu artigo 176, inciso 3°, traz a seguinte passagem a respeito desta temática:

"Nos casos de desmembramento, parcelamento ou remembramento de imóveis rurais, a identificação prevista

na alínea a do item 3 do inciso II do § 1o será obtida a partir de memorial descritivo, assinado por profissional habilitado e com a devida Anotação de Responsabilidade Técnica – ART.... "

Ou seja, caso o proprietário decida vender, desmembrar, parcelar ou remembrar seu imóvel, precisará contratar um Agrimensor, o qual fará o mapeamento do imóvel, produzindo:

- Planta;
- Memorial descritivo e;
- ART ou RRT.

Estes documentos são exigidos pelo profissional de registro para dar entrada no procedimento, sendo que tal solicitação deverá ser feita através de um requerimento.

Ou seja, na prática, você também precisará apresentar um requerimento.

Na realidade, o documental necessário varia ou pouco de imóveis rurais para imóveis urbanos.

No Livro Parcelamento do Solo eu entro a fundo nesta temática, mostrando exatamente como proceder em casos no desmembramento e no loteamento de imóveis rurais e urbanos.

Outro sim, o profissional de registro possui total liberdade de solicitar tantos documentos quanto achar necessário.

Isso porque o mesmo precisa ter certeza que o direito a propriedade está sendo preservado.

Ou seja, precisa ter certeza que nenhum dos imóveis confrontantes teve parte de sua área roubada.

No que se refere a este tema, algum tempo atrás um profissional entrou em contato comigo indignado, me informando que o profissional de registro não havia aceitado um processo de desmembramento.

No caso, tratava-se de um processo de desmembramento e georreferenciamento, sendo que o profissional queria fazer os 2 procedimentos através de um único processo.

Diante disso, o profissional de registro não aceitou o processo, informando que o imóvel deveria ser primeiramente desmembrado para somente depois ser Georreferenciado.

No aúdio que o profissional me enviou, dava para sentir a raiva em sua voz, sendo que o mesmo me questionou:

"O profissional de registro não é obrigado a aceitar o processo de desmembramento? "

Diante disso, eu informei para o mesmo que o profissional de registro tem a liberdade de solicitar tantos documentos, quantos achar necessário.

Isso porque o mesmo precisa garantir o direito a propriedade e ter certeza que nenhuma das propriedades confrontantes esteja sendo invadida.

Ou seja, que este profissional teria que acatar as solicitações do profissional de registro.

Na realidade, quanto a situação cadastral, podemos dizer que o Brasil é vários países em um só País.

Isso porque em algumas regiões do País foi feito o parcelamento do solo.

Já em outras regiões a situação é mais caótica.

Ou seja, não tem como tratarmos estas diferentes realidades cadastrais da mesma maneira.

Com isso, o profissional de registro, tendo como base a legislação nacional e os princípios registrais, pode se adequar, solicitando tantos documentos, quantos achar necessário.

Por isso que a documentação costuma variar um pouco de um tabelionato de registro de imóveis para outro.

Ou seja, como disse, nenhum profissional de registro é obrigado a aceitar nada.

Pelo contrário, os mesmos possuem total liberdade de solicitar tantos documentos quantos achar necessário, sendo que o proprietário e o Agrimensor devem se adequar a estas exigências.

Qual o conceito de posse?

O código civil em seu artigo 1.196 traz o seguinte conceito para posse:

“Considera-se possuidor todo aquele que tem de fato o exercício, pleno ou não, de algum dos poderes inerentes à propriedade. ”

Com base neste conceito, podemos perceber que a posse é uma conduta de dono, um exercício de poderes de propriedade, sendo diferenciada da detenção quando a lei assim o estabelecer.

Isso significa que aquele que é proprietário é também possuidor, mas nem todo possuidor é proprietário.

A posse, justamente pela sua definição, não tem os efeitos reais de propriedade sobre o bem, quer seja este um bem móvel ou imóvel.

Como utilizar estes conceitos no dia a dia

Normalmente, na reunião com o cliente, o Agrimensor pedirá para o mesmo uma certidão atualizada da matrícula.

Isso porque o que interessa para o mesmo é a realidade jurídica do imóvel e não a realidade física.

É normal durante a reunião, o cliente começar a descrever seu imóvel, contando toda a história de aquisição do mesmo. Porém, caso o imóvel esteja escriturado, o que interessará é a matrícula.

Naturalmente, existem situações nas quais a pessoa possui somente a posse do imóvel. Nestes casos, será necessário que a mesma faça a usucapião do imóvel.

Todo processo de usucapião necessita dos trabalhos de um Agrimensor, que fará o levantamento topográfico com a produção da planta, do memorial descritivo e a emissão da ART.

Também necessita dos trabalhos de um Advogado, que juntará todo o documental necessário e procederá junto ao juiz ou ao profissional de registro, caso trate-se de uma usucapião extrajudicial.

Também é normal a existência de situações mistas. Ou seja, de imóveis rurais que possuam 1 ou mais matrículas e, também, uma ou mais áreas de posse.

Neste caso, provavelmente sejam necessários procedimentos distintos, onde será necessário encaminhar a usucapião da área que ainda não possui matrícula.

9 PRINCÍPIOS NOS QUAIS O REGISTRO DE IMÓVEIS SE BASEIA

No nosso dia a dia nós Agrimensores produzimos uma grande quantidade de plantas, mapas, memoriais descritivos e outras peças técnicas diversas.

Porém, você já parou para pensar porquê da necessidade da produção destas peças técnicas?

Ou ainda:

Porque nós, como profissionais de Topografia Cadastral, procedemos como procedemos junto ao registro de imóveis?

A resposta é simples: porque existem leis que dizem que devemos proceder desta maneira, sendo que as mesmas se baseiam em uma série de princípios registrais.

Desta maneira, ao entendermos estes princípios, conseguiremos entender mais facilmente como proceder no nosso dia a dia.

Além disso, muitas vezes o agrimensor é o primeiro profissional procurado pelo proprietário do imóvel, sendo que ao conhecer estes princípios registrais, você conseguirá instruir muito melhor seus clientes.

Ao fazer isso, você mostrará que é uma autoridade no assunto, conquistando o cliente e fazendo o mesmo contratar seus serviços.

Então vamos mergulhar fundo, conhecendo estes princípios registrais e seus impactos no nosso dia a dia.

Princípio da unitariedade da matrícula

O princípio da unitariedade da matrícula está disposto nos artigos 176, incisos 1°, I e 228 da lei n° 6.015/73.

Segue a transcrição do inciso 1º, do artigo 176 da lei 6.015.

"A escrituração do Livro nº 2 obedecerá às seguintes normas

I - cada imóvel terá matrícula própria, que será aberta por ocasião do primeiro registro a ser feito na vigência desta Lei;

II - são requisitos da matrícula:

1) o número de ordem, que seguirá ao infinito;

2) a data;

3) a identificação do imóvel, que será feita com indicação.

a - se rural, do código do imóvel, dos dados constantes do CCIR, da denominação e de suas características, confrontações, localização e área b - se urbano, de suas características e confrontações, localização, área, logradouro, número e de sua designação cadastral, se houver

4) o nome, domicílio e nacionalidade do proprietário, bem como:

a) tratando-se de pessoa física, o estado civil, a profissão, o número de inscrição no Cadastro de Pessoas Físicas do Ministério da Fazenda ou do Registro Geral da cédula de identidade, ou à falta deste, sua filiação;

b) tratando-se de pessoa jurídica, a sede social e o número de inscrição no Cadastro Geral de Contribuintes do Ministério da Fazenda;

5) o número do registro anterior;

6) tratando-se de imóvel em regime de multipropriedade, a indicação da existência de matrículas, nos termos do § 10 deste artigo

III - são requisitos do registro no Livro nº 2:

1) a data;

2) o nome, domicílio e nacionalidade do transmitente, ou do devedor, e do adquirente, ou credor, bem como:

a) tratando-se de pessoa física, o estado civil, a profissão e o número de inscrição no Cadastro de Pessoas Físicas do Ministério da Fazenda ou do Registro Geral da cédula de identidade, ou, à falta deste, sua filiação;

b) tratando-se de pessoa jurídica, a sede social e o número de inscrição no Cadastro Geral de Contribuintes do Ministério da Fazenda;

3) o título da transmissão ou do ônus;

4) a forma do título, sua procedência e caracterização;

5) o valor do contrato, da coisa ou da dívida, prazo desta, condições e mais especificações, inclusive os juros, se houver. "

Agora veja a transcrição do artigo 228 da lei 6.015.

"A matrícula será efetuada por ocasião do primeiro registro a ser lançado na vigência desta Lei, mediante os elementos constantes do título apresentado e do registro anterior nele mencionado. "

No caso, o princípio da unitariedade da matrícula traz a obrigatoriedade legal de cada matrícula envolver um único imóvel e de cada imóvel ter uma única matrícula.

Se você parar para analisar, perceberá que o impacto deste princípio no nosso dia a dia é tremendo.

Isso porque a partir do momento que temos ciência do mesmo, entenderemos que não tem como uma matrícula possuir mais de um imóvel rural.

Da mesma maneira, é impossível que uma propriedade imobiliária tenha mais de uma matrícula.

Princípio da legalidade

Este princípio decorre do fato de que não existe direito real por acordo entre as partes. Ou seja, somente é direito real aquilo que assim se encontra qualificado em lei.

O impacto deste princípio registral no nosso dia a dia é que o mesmo limita os títulos registráveis, permitindo o ingresso no registro de imóveis apenas de títulos expressamente indicados em lei.

Ou seja, não tem como áreas de posse ingressarem no registro.

Da mesma maneira, não tem como alguém chegar com um simples contrato de gaveta e requerer o registro de determinada área em seu nome.

Princípio da prioridade

Este princípio aborda o fato temporal dos títulos levado a registro.

Isso porque no âmbito do registro de imóveis os direitos reais sobre determinado imóvel são classificados através da ordem cronológica dos registros.

Princípio da instância

Este princípio tem por intuito garantir que o ato de registro se mantenha intacto a não ser por pedido de alteração ou aperfeiçoamento do detentor do direito ou do interesse jurídico para tanto.

O registrador, não pode agir de ofício em situações que envolvam alterações que ponham em risco o direito a propriedade, do proprietário e de seus confrontantes.

O princípio da instância tem forte impacto no nosso dia a dia, pois não tem como outra pessoa a não ser o proprietário pedir qualquer alteração no registro.

Princípio da publicidade

Este princípio considera que o registro torna público o conhecimento do ato registral.

Portanto, ninguém pode alegar ignorância do fato, uma vez que um imóvel tenha sido levado a registro.

Princípio da eficácia

Este princípio diz respeito aos efeitos produzidos pelo título.

Este somente está apto a produzi-los após a data do respectivo registro, caracterizando-se até então como simples direito obrigacional.

Princípio da disponibilidade

É um princípio implícito, que decorre da regra de que a ninguém é licito dispor de mais direitos do que possui.

Desta maneira, sempre que um imóvel for alienado ou onerado, a pessoa que está fazendo isso, terá que provar que aquele imóvel é de sua propriedade e que, caso o seja, que o mesmo ainda não foi alienado.

Perceba que a única maneira de provar isso é através da apresentação de uma certidão atualizada da matrícula.

Aliás, eu preciso que você saiba que existem 12 tipos de certidões de matrícula.

Nos próximos tópicos nós irei lhe mostrar os mesmos.

Voltando ao tema, é por causa do princípio da disponibilidade que sempre que seu cliente der sua propriedade como garantia, será exigida uma certidão atualizada da matrícula.

Este princípio é extremamente bom, porém também é terrível.

Isso porque quem possui apenas a simples posse de um imóvel, não consegue fazer nenhuma transação que envolva o mesmo.

Não conseguindo, por exemplo, obter crédito agrícola. Com isso, a pessoa não consegue obter capital de giro para o financiamento de sua produção.

Não consegue também assegurar sua produção, ficando a mercê de situações climáticas adversas.

Por isso que regularizar áreas de posse traz grandes vantagens para o posseiro.

Durante a reunião com seus clientes eduque os mesmos a este respeito.

Princípio da especialidade

Este princípio impõe que os atos de registro sejam individualizados quanto ao objeto e aos sujeitos que tenham direito em relação a ele.

O mesmo é muito importante para a segurança jurídica, pois não pode haver dúvidas de onde uma propriedade imobiliária termina e outra começa.

O Georreferenciamento dos imóveis rurais é uma das melhores maneiras de garantir-se este princípio, pois os imóveis têm sua localização definida de maneira absoluta, tendo como base o sistema de referência oficial, que no caso do Brasil é o SIRGAS 2000, época 4.

Princípio da continuidade

Este princípio exige uma sequência lógica e ininterrupta entre os atos praticados na serventia imobiliária e seus objetos.

Desta forma, para que possa ser feita a transmissão de um imóvel, deve haver perfeita sequência entre antecessor e sucessor e perfeita coincidência entre a descrição constante do registro e a constante do título.

COMO PROCEDER JUNTO AO REGISTRO DE IMÓVEIS?

No caso do georreferenciamento de imóveis rurais, após o envio da planilha ods para o SIGEF é necessário imprimir a planta e o memorial descritivo.

Na realidade, a maioria dos cartórios exige algumas pequenas mudanças no memorial descritivo em relação ao emitido pelo SIGEF.

Eu mesmo, costumo baixar o memorial descritivo a partir do SIGEF e posteriormente, com o uso de um conversor online, converter o mesmo de pdf para .docx (arquivo do word), fazendo as mudanças necessárias.

Além destes documentos, você precisará apresentar mais alguns documentos para o profissional de registro, os mesmos podem variar de um cartório para o outro.

Normalmente são:

- Requerimento de averbação;
- Declaração de respeito de limites;
- CCIR – Certificado de cadastro do imóvel rural;
- NIRF – Certidão negativa do Imóvel na Receita Federal;

- Cópia de identidade e CPF e;
- ART ou RRT no caso dos técnicos.

Uma vez que tenha recebido estes documentos, o oficial de registro fará a verificação para confirmar se os declarantes correspondem aos titulares das matrículas das propriedades confrontantes.

Confirmado este aspecto, o mesmo transcreverá o memorial descritivo para a matrícula do imóvel ou abrirá uma nova matrícula, caso necessário.

A partir de então, os novos atos registrados terão efeito sobre o novo polígono descrito pelo memorial descritivo, sendo que qualquer mudança posterior, quer seja ela subdivisão deste polígono ou agregação de outro, deverá ser descrita em coordenadas Georreferenciadas, matematicamente coerentes com o polígono original.

TABELIONATO X CARTÓRIO. QUAL A DIFERENÇA?

Estes são 2 termos que os profissionais costumam confundir muito. Confesso que eu mesmo, por muito tempo, não sabia a diferença entre os mesmos.

O termo cartório era utilizado (ou pelo menos deveria ser) somente até 1994. Isso porque neste ano foi publicada a lei nº 8.935/94, conhecida como Lei dos notários e registradores.

Esta lei realizou várias mudanças na área registral. Uma das principais mudanças realizadas é que até o advento da mesma, os profissionais de registro recebiam esta função, sendo que a mesma era passada de pai para filho.

Com o advento da lei 8.935/94 a escolha dos profissionais de registro passou a ser via concurso público.

Juntamente com esta mudança, veio o nome do órgão, sendo que o mesmo passou a se chamar tabelionato de registro de imóveis e não mais cartório de registro de imóveis.

Na prática, o termo cartório ainda é amplamente utilizado.

Porém, você precisa saber a diferença entre estes termos para não cometer gafes.

Por exemplo, no preenchimento de documentos, o correto é utilizar o termo “tabelionato de registro de imóveis”.

Lembrando que além do tabelionato de registro de imóveis, existem outros tipos de tabelionato.

São eles:

- Tabelionatos de Notas;
- Tabelionatos de Protestos;
- Tabelionatos e Ofício de Registro de Contratos Marítimos e;
- Tabelionato de Registro de Distribuição.

Vamos entender melhor qual é a função do Tabelionato de Notas, uma vez que o mesmo é muito utilizado em procedimentos que envolvem imóveis urbanos e rurais.

Tabelionato de notas

Os Tabelionatos de Notas são responsáveis pela elaboração de atos pessoais e patrimoniais dotados de fé pública, com garantia de segurança jurídica, autenticidade, publicidade e eficácia.

Os mesmos também possuem como função oferecer aconselhamento jurídico imparcial, verificar a legalidade, validade e eficácia do ato e tornar pública a manifestação de vontade, garantindo o exercício de direitos.

Os tabelionatos de notas também lavram escrituras de separação, divórcio, inventário e partilha de forma consensual.

Com isso, os mesmos contribuem para desafogar o Poder Judiciário e desburocratizar os procedimentos.

Falando de termos que causam confusão na mente dos profissionais, tenho outros 3 termos interessantes para você.

ESPÓLIO, INVENTÁRIO, HERDEIRO E SEÇÃO DE DIREITOS HEREDITÁRIOS – O QUE SÃO?

Vou dar um exemplo prático que ajudará você a entender a diferença entre estes termos.

Imagine a seguinte situação: seu Paulo, que possuía uma área de 150 ha morreu.

Diante disso, os bens e deveres que o mesmo possuía passaram a fazer parte do espólio dele.

Ou seja, o Espólio são:

"Os bens e deveres do falecido! "

Logo, sempre que você ouvir a palavra espólio, saberá que se refere aos bens e deveres de alguém que morreu.

Acontece que seu Paulo tinha uma esposa (dona Maria) e 3 filhos (Leila, Pedro e Cláudio).

Ou seja, o espólio do senhor Paulo deverá ser inventariado pela esposa (dona Maria) e pelos seus filhos.

No caso:

"O inventário é um processo em que se faz um levantamento de todos os bens deixados por determinada pessoa falecida.

A partir do levantamento de todos os bens deixados, se faz uma avaliação destes e, em seguida, os bens são divididos entre os herdeiros, necessários (filhos dos herdeiros) ou testamentários. "

Ou seja, herdeiro é quem herda alguma coisa.

Agora imagine a seguinte situação, que o senhor Carlos que é confrontante do espólio do senhor Paulo, chegou até a Leila (filha do falecido), querendo comprar a parte dela da herança.

Pergunta:

A Leila pode vender sua parte da herança para o senhor Carlos antes do inventário ser feito?

A resposta é sim, ela pode.

Para isso, basta que seja confeccionado um instrumento denominado "***cessão de direitos hereditários***".

Porém, a cessão de direitos hereditários só é válida se feita por escritura pública, contrato particular não serve.

Ou seja, através de uma escritura lavrada em um Tabelionato de Notas.

Através deste procedimento a Leila venderá seus direitos, sendo que o senhor Carlos terá uma escritura pública de cessão de direitos hereditários.

Agora imagine a seguinte situação, que os herdeiros, por não saberem, perderam os 2 meses de prazo para a realização do inventário.

Com isso, terão que pagar a multa de 10%.

Acontece que o Pedro é o único dos herdeiros que mora em cima da área pertencente ao espólio do senhor Paulo.

Diante disso, agindo de má fé, o mesmo está trancando o inventário. Isso porque quanto mais o mesmo enrolar, mais tempo ficará usufruindo dos bens.

Já o Claúdio, como não quer ajudar a pagar a multa de 10%, dizendo que só fará o inventário se os outros herdeiros pagarem sozinhos a multa.

Diante disso, o Senhor Carlos, já estressado, decide comprar a área da dona Maria através de uma escritura pública de cessão de direitos hereditários e, tendo a maior proporção da área, encaminhar o inventário da mesma.

Este é inclusive um recurso muito utilizado para regularizar espólios. Um dos herdeiros ou possuidor de escritura pública de cessão de direitos hereditários, tendo a maior proporção da área, encaminha o inventário.

Nestes casos, ao invés de fazer o inventário em um Tabelionato de Notas, o mesmo precisará contratar um Advogado e mover um processo judicial.

Com isso, o juiz comunicará aos herdeiros discordantes que o processo foi iniciado, sendo que o mesmo não poderá impedir a abertura da ação e nem mesmo que a partilha dos bens seja feita.

Naturalmente os herdeiros ou possuidores de escritura pública de cessão de direitos hereditários terão que arcar com todos os custos, impostos, taxas e honorários envolvidos no processo.

Porém, normalmente vale a pena pagar os custos e resolver a situação de uma vez por todas.

No que se refere a realização do inventário, perceba que é algo normal os herdeiros, consternados com a perda, ou simplesmente por falta de informação, deixarem passar os 2 meses e acabarem tendo que pagar a multa de 10%.

Aliás, caso o período de tempo ultrapasse os 180 dias do falecimento, a multa subirá para 20%.

E porque é que eu lhe contei esta história?

Simples, para que você saiba destes detalhes inerentes ao inventário e também, para que informe seus clientes a respeito.

Dito isso, vamos entender mais alguns conceitos inerentes a legislação cadastral.

IMÓVEL REGISTRADO, POSSE E ESCRITURA PÚBLICA. QUAL A DIFERENÇA?

Estes 3 conceitos também costumam ser mal interpretados pelos profissionais.

Entender a diferença entre os mesmos é essencial porque do contrário você corre o risco de cometer erros terríveis. Vamos entender eles.

Imóvel registrado: é uma área de terras que está registrada em cartório. Ou seja, a mesma é uma propriedade imobiliária.

Ao registrar o imóvel, profissional de registro emitirá a matrícula, que dá o direito a propriedade e todos os benefícios provenientes da obtenção deste direito.

Lembrando que conforme informei anteriormente, o código civil, traz o seguinte conceito para o termo proprietário:

"O proprietário tem a faculdade de usar, gozar e dispor da coisa, e o direito de reavê-la do poder de quem quer que injustamente a possua ou detenha. "

Posse: é uma área ocupada, porém que não está registrada. Isso significa que a pessoa utiliza a área, mas que a mesma não possui a propriedade.

Com isso, esta pessoa não pode vender, arrendar, parcelar e nem prometer em venda esta área.

Escritura pública: são os imóveis públicos que estão escriturados.

Os imóveis podem ser classificados nestes 3 tipos, propriedades, posses e imóveis públicos.

Lembrando que um imóvel público não pode sofrer um processo de usucapião. Isso porque o mesmo é um bem de todos.

Uma pessoa que invada um imóvel público terá a posse do mesmo, mas nunca conseguirá a propriedade.

Por isso, por exemplo que no caso de reservas indígenas, a tribo recebe o usufruto e não a propriedade da reserva.

Desta maneira, ao manter a fração de terras como uma área pública, não tem como uma pessoa invadir parte da reserva indígena e posteriormente, obter a propriedade através de processo de usucapião.

Como utilizar estes conceitos no dia a dia

Normalmente, na reunião com o cliente, você pedirá para o mesmo uma certidão atualizada da matrícula.

Isso porque o que interessa para você é a realidade jurídica do imóvel e não a realidade física.

É normal durante a reunião, o cliente começar a descrever seu imóvel, contando toda a história de aquisição do mesmo. Porém, caso o imóvel esteja escriturado, o que interessará é a matrícula.

Naturalmente, existem situações nas quais a pessoa possui somente a posse do imóvel. Nestes casos, será necessário a usucapião do imóvel.

Todo processo de usucapião necessita dos trabalhos de um Agrimensor, que fará o levantamento topográfico com a produção da planta, do memorial descritivo e a emissão da ART.

Também necessita dos trabalhos de um Advogado, que juntará todo o documental necessário e procederá junto ao juiz ou ao profissional de registro, caso trate-se de uma usucapião extrajudicial.

Também é normal a existência de situações mistas. Ou seja, de imóveis rurais que possuam 1 ou mais matrículas e também uma área de posse.

Nestes casos, provavelmente sejam necessários procedimentos distintos, onde será necessário encaminhar a usucapião da área que ainda não possui matrícula.

O QUE É UMA MATRÍCULA

Uma matrícula de imóvel nada mais é do que um documento que traz de maneira cronológica todas as ocorrências importantes da vida do imóvel.

A mesma é como se fosse a certidão de nascimento do imóvel, possuindo em seu teor todos os fatos interessantes da vida do mesmo.

Desta maneira, cada fato interessante é transcrito na matrícula através de um novo registro. Com isso, é normal encontrarmos matrículas mais antigas, as quais podem possuir dezenas de registros.

A matrícula do imóvel será aberta sempre que uma das seguintes situações acontecer:

- Primeiro registro do imóvel;
- Fusão de imóveis;
- No caso de averbação, quando não houver espaço no livro de transcrição das transmissões;
- Por requerimento do proprietário ou;
- De ofício, para cada lote ou unidade autônoma, após o registro do loteamento, desmembramento ou condomínio.
- Na matrícula de um imóvel consta:

- Os registros de sua identificação;
- A localização com dimensões e confrontações;
- Descrição detalhada do imóvel;
- Qualificação dos proprietários, se pessoa física ou jurídica;
- Alterações ocorridas;
- Transações de compra e venda;
- Inventários;
- Doações;
- Hipotecas/alienações fiduciárias;
- Desmembramentos;
- Desapropriações;
- Ações judiciais e;
- Usufruto.

Ou seja, a matrícula contém o histórico completo de todas as ocorrências relativas ao imóvel.

A estrutura de uma matrícula

O registro imobiliário aprendeu muito com o sistema de transcrições, principalmente pelos erros existentes no mesmo, sendo que o sistema de matrículas tentou evitar estes erros.

Para isso, o sistema de matrículas incorporou uma estrutura lógica seguida por todas as matrículas.

Na realidade, existe uma pequena diferença entre as matrículas antigas e as atuais, pois as atuais passaram a ter a certificação e os dados do contribuinte junto ao INCRA.

Esta foi uma inovação possibilitada pela lei 10.267, isso porque com o advento da mesma, passou a existir a troca de informações entre o INCRA e o IRIB.

Com isso, para ser registrado, todo imóvel rural georreferenciado, deve estar cadastrado no sistema nacional de cadastro rural (SNCR).

Vamos entender quais são os elementos que uma matrícula deve ter.

Para isso, vou analisar os elementos existentes em uma matrícula de um lote urbano.

No final do artigo trarei um case mostrando uma matrícula moderna.

Ou seja, uma matrícula que possui a certificação e os dados do contribuinte junto ao INCRA.

Antes disso, preciso que você saiba que o registro torna público o conhecimento do ato registrário.

Ou seja, obedece ao princípio da publicidade, de certa maneira que a partir do ato do registro, ninguém poderá alegar ignorância do fato.

Agora sim, vamos entender os elementos de uma matrícula.

Cabeçalho

Este é o primeiro elemento de uma matrícula. No mesmo devem aparecer o nome do registro de imóveis, o número da matrícula e a data.

Perceba que a data é importante por causa do princípio da prioridade. Ou seja, que os direitos são classificados através da ordem cronológica.

Com isso, pode acontecer, por exemplo, de o senhor João apresentar uma certidão no intuito de vender o imóvel para o senhor Pedro, porém a certidão estar defasada.

Desta maneira, ao exigir-se do mesmo uma certidão atualizada da matrícula, percebe-se que o mesmo anteriormente havia vendido a propriedade para o senhor Claudio.

Ou seja, que ele não tem como vender algo que não é seu (princípio da disponibilidade).

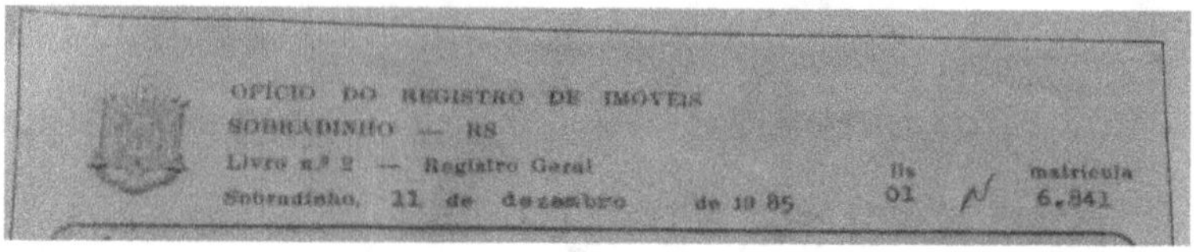
OFÍCIO DO REGISTRO DE IMOVEIS
SOBRADINHO — RS
Livro nº 2 — Registro Geral
Sobradinho, 11 de dezembro de 19 85

fls 01

matricula 6.841

Descrição do imóvel

A descrição traz a localização exata do imóvel, a área e as medidas do mesmo.

Matrículas mais antigas, trazem a descrição dos vértices através da utilização de azimutes (ou rumos) e de distâncias.

Matrículas mais modernas (de áreas georreferenciadas) trazem esta descrição indicando a numeração e as coordenadas dos vértices.

Esta descrição obedece ao princípio da especialidade objetiva.

Lembrando que este princípio impõe que os atos de registro de Imóveis sejam individualizados quanto ao objeto e aos sujeitos que tenham direitos em relação a ele.

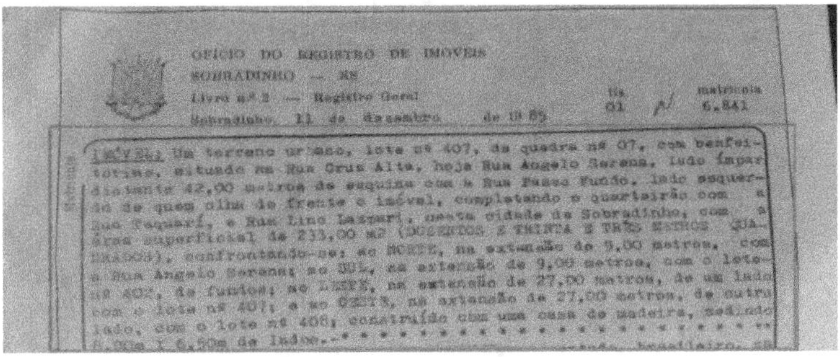

OFÍCIO DO REGISTRO DE IMÓVEIS
SOBRADINHO — RS
Livro nº 2 — Registro Geral
Sobradinho, 11 de dezembro de 1985

fls. 01 — matrícula 6.841

IMÓVEL: Um terreno urbano, lote nº 407, da quadra nº 07, com benfeitorias, situado na Rua Cruz Alta, hoje Rua Angelo Serena, lado ímpar distante 42,00 metros da esquina com a Rua Passo Fundo, lado esquerdo de quem olha de frente o imóvel, completando o quarteirão com a Rua Taquarí, e Rua Lino Lazzari, nesta cidade de Sobradinho, com a área superficial de 233,00 m2 (DUZENTOS E TRINTA E TRÊS METROS QUADRADOS), confrontando-se: ao NORTE, na extensão de 9,00 metros, com a Rua Angelo Serena; ao SUL, na extensão de 9,00 metros, com o lote nº 402, de fundos; ao LESTE, na extensão de 27,00 metros, de um lado com o lote nº 407; e ao OESTE, na extensão de 27,00 metros, de outro lado, com o lote nº 408; construído com uma casa de madeira, medindo 8,00m x 6,50m de lados.

Proprietário

Nesta seção, deve aparecer de forma detalhada a descrição do proprietário.

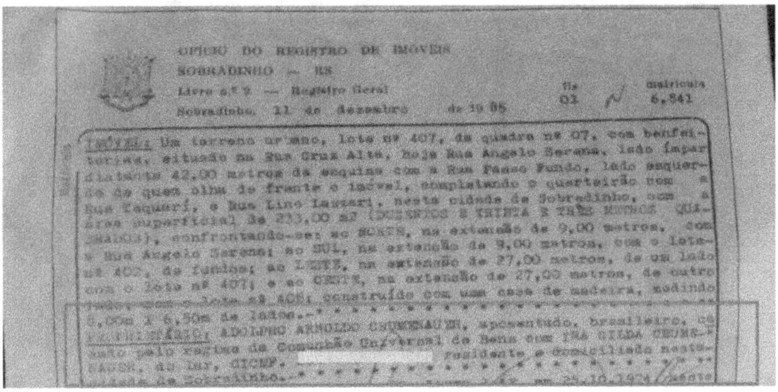

OFÍCIO DO REGISTRO DE IMÓVEIS
SOBRADINHO — RS
Livro nº 2 — Registro Geral
Sobradinho, 11 de dezembro de 1985

fls. 01 — matrícula 6.841

IMÓVEL: Um terreno urbano, lote nº 407, da quadra nº 07, com benfeitorias, situado na Rua Cruz Alta, hoje Rua Angelo Serena, lado ímpar distante 42,00 metros da esquina com a Rua Passo Fundo, lado esquerdo de quem olha de frente o imóvel, completando o quarteirão com a Rua Taquarí, e Rua Lino Lazzari, nesta cidade de Sobradinho, com a área superficial de 233,00 m2 (DUZENTOS E TRINTA E TRÊS METROS QUADRADOS), confrontando-se: ao NORTE, na extensão de 9,00 metros, com a Rua Angelo Serena; ao SUL, na extensão de 9,00 metros, com o lote nº 402, de fundos; ao LESTE, na extensão de 27,00 metros, de um lado com o lote nº 407; e ao OESTE, na extensão de 27,00 metros, de outro lado, com o lote nº 408; construído com uma casa de madeira, medindo 8,00m x 6,50m de lados.

PROPRIETÁRIO: ADOLPHO ARNOLDO [illegible], aposentado, brasileiro, casado pelo regime da Comunhão Universal de Bens com IRA GILDA [illegible], do lar, CIC/MF. [illegible] residente e domiciliado nesta cidade de Sobradinho.

Registro anterior

Nesta seção, aparecem os dados do registro anterior. Normalmente:

- O número da matrícula;

- O CNS (Cadastro Nacional de Serventia – Ou seja, um número único que identifica o Cartório) e;
- A data do registro anterior.

cidade de Sobradinho.-
REGISTRO ANTERIOR: 24.359, fls. [illegible], Livro 3-AX, em 25.10.1974, deste
Ofício.-
O REFERIDO É VERDADE E DOU FÉ.- [illegible]
[illegible] 11 de dezembro de 1.985.-

Registros e averbações

Esta seção conta o histórico da propriedade através de registros e de averbações.

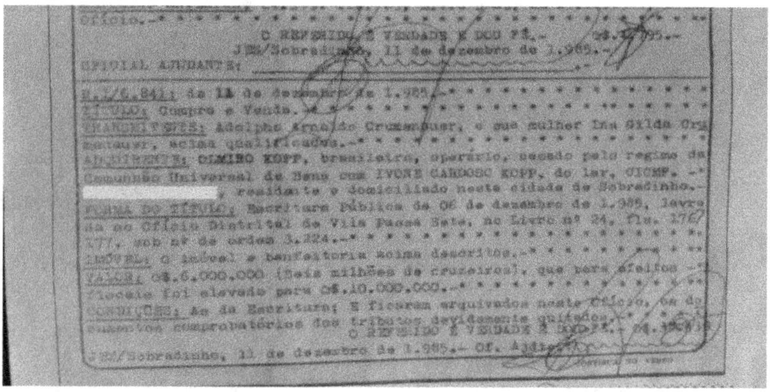

Ofício.-
O REFERIDO É VERDADE E DOU FÉ.- [illegible]
JBE/Sobradinho, 11 de dezembro de 1.985.-
OFICIAL AJUDANTE:

R.1/6.841: de 11 de dezembro de 1.985.-
TÍTULO: Compra e Venda.-
TRANSMITENTES: Adolpho Arnaldo Crumenauer, e sua mulher Ina Gilda Crumenauer, acima qualificados.-
ADQUIRENTE: OLMIRO KOPP, brasileiro, operário, casado pelo regime da Comunhão Universal de Bens com IVONE CARDOSO KOPP, do lar, CICMF, residente e domiciliado neste cidade de Sobradinho.-
FORMA DO TÍTULO: Escritura Pública de 06 de dezembro de 1.985, lavrada no Ofício Distrital de Vila Passa Sete, no Livro nº 24, fls. 176/177, sob nº de ordem 3.224.-
IMÓVEL: O imóvel e benfeitoria acima descritos.-
VALOR: Cr$.6.000.000 (Seis milhões de cruzeiros), que para efeitos fiscais foi elevado para Cr$.10.000.000.-
CONDIÇÕES: As da Escritura; E ficaram arquivados neste Ofício, os documentos comprobatórios dos tributos devidamente quitados.-
O REFERIDO É VERDADE E DOU FÉ.- [illegible]
JBE/Sobradinho, 11 de dezembro de 1.985.- Of. Ajudante

O que é um registro

O registro é o ato cartorial que declara quem é o proprietário formal e legal do imóvel.

O mesmo também informa se a propriedade deste bem está sendo transmitida de uma pessoa para outra.

Sempre que houver compra, venda ou hipoteca de um imóvel, as escrituras lavradas no tabelionato de notas serão registradas na matrícula.

Ou seja, o profissional de registro faz a anotação dos dados referentes ao negócio que se efetivou na matrícula do imóvel.

Para fazer o desmembramento da área comprada é necessário fazer-se a medição da área mãe e a produção das diferentes plantas necessárias, do memorial descritivo e a emissão de ART ou RRT.

O que é uma averbação

A averbação é o ato que anota todas as alterações ou acréscimos referentes ao imóvel ou às pessoas que constam do registro ou da matrícula do imóvel.

São exemplos clássicos de situações nas quais se faz necessário a averbação, sempre que houver a alteração de informações que alteram a situação do imóvel ou das pessoas a que o imóvel se vincula.

Como exemplos de averbações temos:

- As mudanças de nome;

- A carta de habitação expedida pela Prefeitura Municipal;
- As modificações de estado civil decorrentes de casamento ou divórcio;
- Etc.

A averbação também é utilizada para informar formal e juridicamente sobre os eventuais cancelamentos de hipoteca, penhoras, arresto, entre outros.

As matrículas também apresentam problemas

Todo mundo costuma "*meter o pau*" no sistema de transcrições, porém o sistema de matrículas também possui diversas falhas.

A principal delas é que o mesmo permite a grilagem de terras.

Perceba que este problema é catastrófico, pois a principal função do registro de imóveis é garantir o direito a propriedade. Direito este que todas as pessoas possuem.

Além disso, a descrição existente em uma matrícula, através da utilização de rumos ou de azimutes não possibilita a rápida percepção do formato do imóvel.

O profissional teria que reconstituir a poligonal para conseguir visualizar o mesmo.

O problema é que o Agrimensor pode sem querer cometer um erro.

Como que o profissional de registro de imóveis, no ato de registro não faz a reconstituição da poligonal, até mesmo porque não possui os conhecimentos matemáticos necessários para tal procedimento, pode acontecer de, em alguns casos, uma transcrição antiga descrever melhor um imóvel do que uma matrícula moderna.

Este problema é ressaltado pelo Eduardo Agostinho Arruda Augusto em seu livro "*Registro de Imóveis, Retificação de Registro e Georreferenciamento: Fundamento e Prática!* ".

Veja na imagem abaixo um print tirado do mesmo, que apresenta a descrição da transcrição e a descrição da matrícula.

Descrição da Transcrição 1.547 (Livro 3B), de 1953:

Um sítio, com a área de 250 hectares, localizado no Bairro das Palmeiras, confrontando com a linha férrea, com a estrada municipal e com o rio de Conchas.

⇩

Descrição da Matricula 13.008 (Livro 2), de 2001:

Um sítio, com a área de 250 hectares, localizado no Bairro das Palmeiras, no município e comarca de Conchas-SP, com a seguinte descrição técnica:

1 – 2:	*Az.*	*90°*	*1.450 m*	*RFFSA*
2 – 3:	*Az.*	*155°*	*1.160 m*	*estrada municipal*
3 – 4:	*Az.*	*38°*	*702 m*	*rio de Conchas*
4 – 5:	*Az.*	*274°*	*1.300 m*	*rio de Conchas*
5 – 1:	*Az.*	*172°*	*1.530 m*	*rio de Conchas*

Em uma primeira análise, parece que a matrícula descreve o imóvel melhor do que a transcrição antiga, pois a mesma traz as mudanças de ângulo e as distâncias entre os vértices.

Porém, se reconstituirmos a poligonal descrita nesta matrícula, perceberemos que ouve problemas na descrição dos azimutes o que torna a matrícula falha.

Descrição Equivocada da Matricula 13.008:

Um sítio, com a área de 250 hectares, localizado no Bairro das Palmeiras, no município e comarca de Conchas-SP, com a seguinte descrição técnica:

1 – 2:	*Az.*	*90°*	*1.450 m*	*RFFSA*
2 – 3:	*Az.*	*155°*	*1.160 m*	*estrada municipal*
3 – 4:	*Az.*	*38°*	*702 m*	*rio de Conchas*
4 – 5:	*Az.*	*274°*	*1.300 m*	*rio de Conchas*
5 – 1:	*Az.*	*172°*	*1.530 m*	*rio de Conchas*

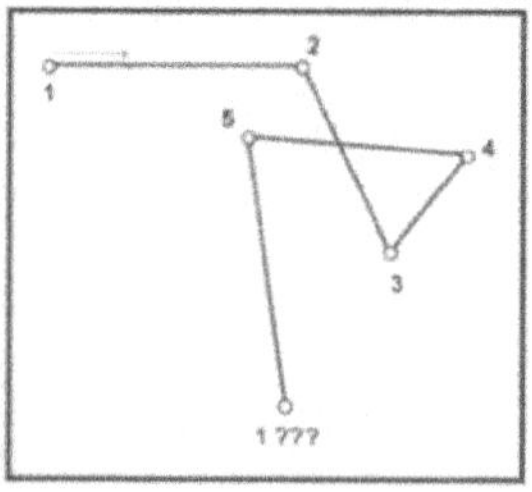

Por outro lado, se analisarmos a transcrição percebemos que a mesma consegue descrever perfeitamente a propriedade imobiliária.

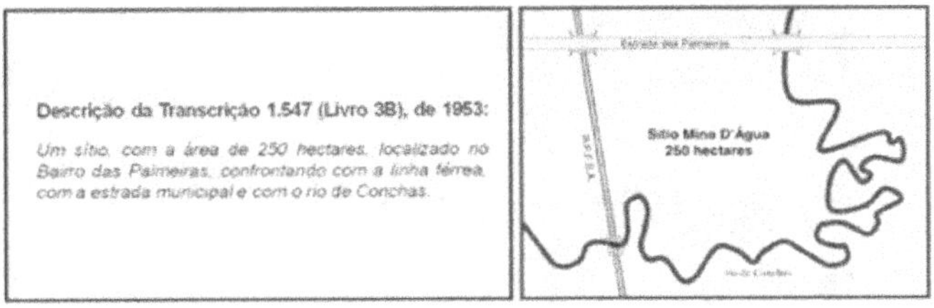

A evolução das matrículas

O sistema de matrículas está buscando se adequar as evoluções trazidas principalmente pelo avanço tecnológico que culminou na implementação do SIGEF.

Com isso, é normal que o sistema de matrículas sofra modificações ao longo dos tempos.

Vamos analisar o estado da arte e a tendência de evolução do sistema de matrículas, buscando entender (e até mesmo nos adaptarmos) as exigências dos profissionais de registro.

O modelo de matrícula amplamente exigido pelos profissionais de registro é o cuja descrição do perímetro da propriedade imobiliária se faz de maneira descritiva.

Veja um exemplo deste tipo de matrícula na imagem abaixo:

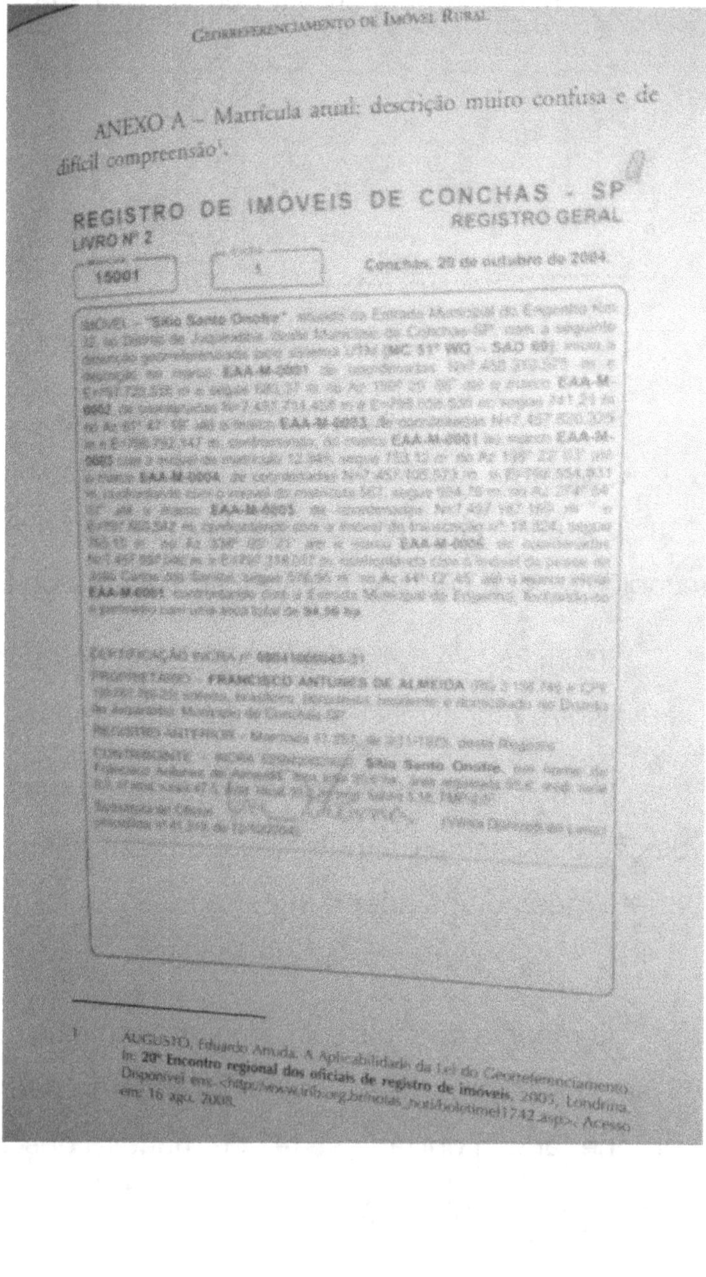
Georreferenciamento de Imóvel Rural

ANEXO A – Matrícula atual: descrição muito confusa e de difícil compreensão[1].

REGISTRO DE IMÓVEIS DE CONCHAS - SP
REGISTRO GERAL
LIVRO Nº 2

15001

Conchas, 20 de outubro de 2004

[illegible]

[1] AUGUSTO, Eduardo Arruda. A Aplicabilidade da Lei do Georreferenciamento. In: **20º Encontro regional dos oficiais de registro de imóveis**. 2005, Londrina. Disponível em: <http://www.irib.org.br/notas_noti/boletimel1742.asp>. Acesso em: 16 ago. 2008.

Fonte: Livro Georreferenciamento de imóvel Rural: Doutrina e Pratica no Registro de imóveis

Existe um segundo tipo de matrícula que está passando a ser exigido pelos profissionais de registro, que é o modelo nos quais para a descrição dos vértices das propriedades, não se utiliza rumos ou azimutes e distâncias. Mas sim, a denominação do ponto e suas coordenadas.

Com isso, a matrícula se torna inequívoca.

Este tipo de descrição exige que o imóvel seja georreferenciado, o que torna o mesmo muito superior, pois traz a geoespacialização dos dados, tendo como base o datum SIRGAS 2000, época 4.

Este tipo de matrícula garante o direito a propriedade, pois ao tornar a matrícula inequívoca, torna impossível a grilagem de terras.

A produção deste tipo de matrícula exige que o memorial descritivo traga em seu teor a descrição dos vértices, através de uma tabela, na qual aparece o nome do vértice e suas coordenadas.

Veja um exemplo deste tipo de matrícula na imagem abaixo:

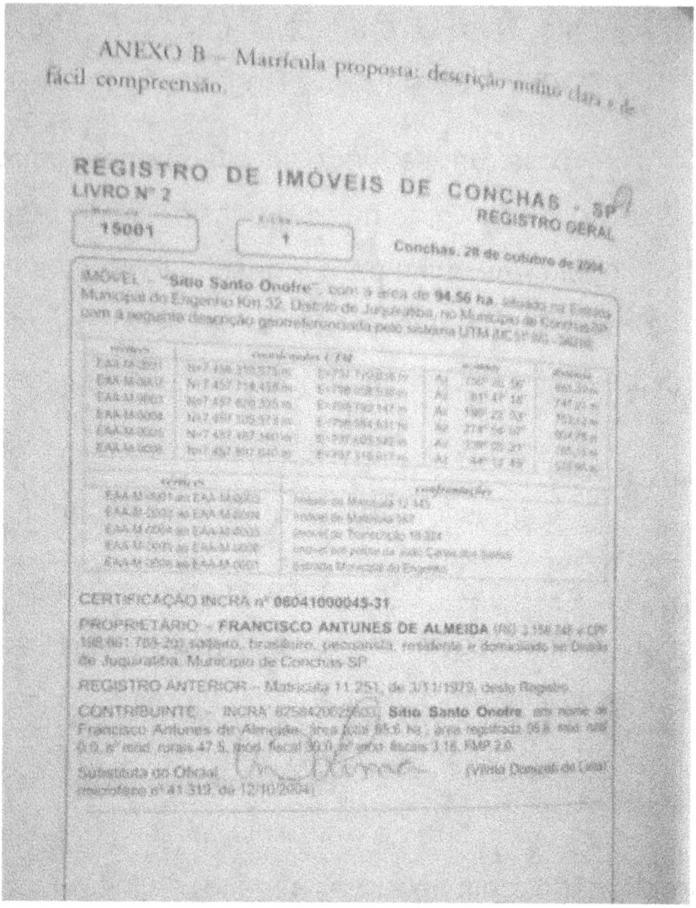

ANEXO B – Matrícula proposta: descrição muito clara e de fácil compreensão.

REGISTRO DE IMÓVEIS DE CONCHAS - SP

LIVRO Nº 2

REGISTRO GERAL

15001

1

Conchas, 28 de outubro de 2004.

IMÓVEL – "Sítio Santo Onofre", com a área de 94.56 ha, situado na Estrada Municipal do Engenho Km 32, Distrito de Juquiratiba, no Município de Conchas-SP, com a seguinte descrição georreferenciada pelo sistema UTM

CERTIFICAÇÃO INCRA nº 08041000045-31

PROPRIETÁRIO – FRANCISCO ANTUNES DE ALMEIDA

de Juquiratiba, Município de Conchas-SP.

REGISTRO ANTERIOR – Matrícula 11.251

CONTRIBUINTE – INCRA Sítio Santo Onofre

Fonte: Livro Georreferenciamento de imóvel Rural: Doutrina e Pratica no Registro de imóveis

O terceiro tipo de matrícula existente ainda é pouco exigido pelos profissionais de registro. Porém, tudo indica que com o tempo o mesmo terá produção massiva.

Me refiro a matrícula que traz em seu teor, além dos vértices e suas coordenadas, um croqui com a poligonal da propriedade.

Este modelo de matrícula exige que o memorial descritivo possua um croqui da propriedade.

Veja um exemplo deste tipo de matrícula na imagem abaixo:

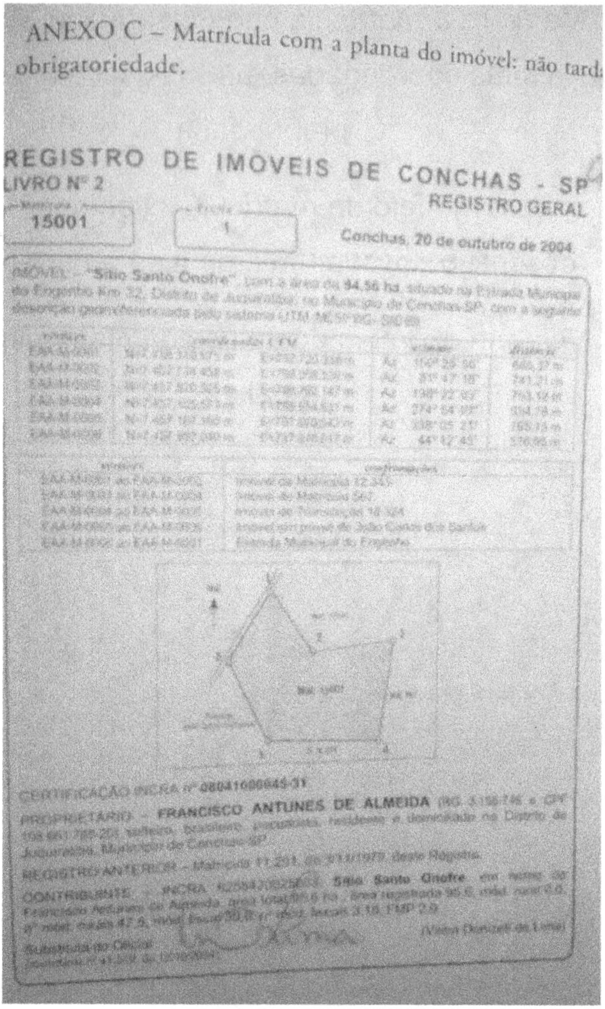
ANEXO C – Matrícula com a planta do imóvel: não tard[a]
obrigatoriedade.

REGISTRO DE IMOVEIS DE CONCHAS - SP
LIVRO Nº 2
REGISTRO GERAL

15001
1
Conchas, 20 de outubro de 2004

IMÓVEL – "Sítio Santo Onofre", com a área de 94,56 ha

PROPRIETÁRIO – FRANCISCO ANTUNES DE ALMEIDA

Fonte: Livro Georreferenciamento de imóvel Rural: Doutrina e Pratica no Registro de imóveis

CERTIDÃO DE MATRÍCULA: OS 12 TIPOS EXISTENTES

Uma matrícula é como se fosse a certidão de nascimento de um imóvel rural.

Toda propriedade imobiliária possui uma matrícula, sendo que todos os eventos da vida deste imóvel são registrados ou averbados na mesma.

A certidão, por outro lado, normalmente possui o reconhecimento de firma de profissional de fé pública (do profissional de registro), o que serve como prova da veracidade da mesma.

A mesma, normalmente traz informações especificas, sendo que existem 12 diferentes tipos de certidões. Vamos conhecer as mesmas.

Certidão de Matrícula (ou certidão atualizada da matrícula)

Nada mais é do que uma cópia atualizada das informações do imóvel.

A mesma é utilizada para fins de comprovação dos dados e da propriedade do imóvel, sendo normalmente solicitada pelos bancos para a realização de contratos de financiamento e também, pelos tabelionatos para a elaboração de escrituras.

Certidão de ônus reais

Este tipo de certidão, contém os dados do imóvel e dos proprietários, informando se há algum ônus que recaia sobre o imóvel.

Como exemplos de ônus temos:

- Se o imóvel foi dado como garantia em um financiamento;
- Se há uma promessa de compra e venda registrada no imóvel;
- Entre outros.

A mesma será negativa quando não houver ônus e positiva quando houver ônus.

Certidão de ações reais e pessoais reipersecutórias

Contém os dados do imóvel e dos proprietários, informando se há alguma ação real, ou pessoal, que recaia sobre o imóvel.

Trata-se de ações judiciais em que uma terceira pessoa alega ter direitos reais sobre o imóvel ou reivindica para si o mesmo.

A mesma será negativa quando não houver ações reipersecutórias e positiva quando houver ações desta natureza.

Este tipo de certidão normalmente é requisitada pelo profissional de registro para a lavratura de escrituras públicas.

Certidão de que além deste imóvel não possui outro

Contém os dados do imóvel e dos proprietários e informa que não há outro imóvel registrado no nome dos proprietários.

Certidão de que além deste ônus não possui outro

Contêm os dados do imóvel, dos proprietários e do ônus e informa que não há outro ônus que recaia sobre o imóvel.

Complementação da circunscrição anterior

A mesma contém os dados do imóvel e dos proprietários, sendo necessária para imóveis que já estiveram sob responsabilidade de outra serventia.

Negativa de propriedade

Contém os dados da pessoa e informa que ela não possui imóveis registrados em seu nome na cidade ou zona sob responsabilidade daquele registro de imóveis.

Este tipo de certidão é necessária, por exemplo, para solicitar liberação de recursos do FGTS.

Quando o solicitante pede uma certidão negativa de propriedade, mas a pessoa possui imóvel, é fornecida a certidão de matrícula.

Quinzenária

É composta pela certidão de matrícula atual do imóvel, além dos registros dos últimos quinze anos.

Transcrição (Livro, Fls, No)

Contém a transcrição do conteúdo do registro efetuado no livro e folha indicados.

Vintenária

É composta pela certidão de matrícula atual do imóvel, além dos registros dos últimos vinte anos.

Relação de proprietários

Contém a lista dos imóveis que fazem parte de um condomínio, com os respectivos proprietários.

É necessária para elaboração e alteração de convenções de condomínio.

Negativa de endereço

Informa que não há imóvel registrado com aquele endereço.

A DIFERENÇA ENTRE LOTE E GLEBA

Quando se fala em parcelamento do solo, existem estes 2 termos que costumam causar desentendimento dos profissionais.

Se analisarmos a lei 6.766 (Lei do parcelamento do solo urbano), a mesma traz as seguintes definições:

- **Lote**: Porção de terras dotada dos melhoramentos necessários para a utilização;
- **Gleba**: Origina lote.

Esta definição da Lei do parcelamento do solo urbano é um pouco subjetiva, porém em linhas gerais, podemos dizer que um lote é uma área de terras urbana que possui a menor área possível.

A gleba, por outro lado, ainda possibilita parcelamento.

MÓDULO RURAL E MÓDULO FISCAL?

Estes são outros 2 termos que costumam deixar os profissionais com dúvidas.

O que é um módulo rural?

Para entender o que é um módulo rural, precisamos relembrar qual é o papel do INCRA.

No caso, o mesmo tem por função garantir que os imóveis rurais estejam cumprindo suas funções sociais. Ou seja, que estejam sendo produtivos.

Caso um imóvel rural não esteja sendo produtivo e possua mais de 15 módulos fiscais, o INCRA fará a reforma agrária, passando a propriedade do imóvel para alguém que torne o mesmo produtivo.

Acontece que não basta ser produtivo, um imóvel rural precisa dar para a família que mora no mesmo as condições básicas necessárias para que a mesma consiga sua subsistência.

Para que isso seja possível, o imóvel rural precisa ter um tamanho mínimo necessário.

Para este tamanho, o tamanho do qual a família consegue tirar sua subsistência, se dá o nome de módulo rural.

Acontece que a produtividade da terra muda de imóvel para imóvel.

Por exemplo, em determinado local a produtividade da cultura x é de 2 toneladas por hectare.

Já em uma outra região do País, a produtividade da cultura x é de 6 toneladas por hectare.

Isso sem falar que a cultura predominante muda de local para local e que a lucratividade por cultura também pode variar.

Da mesma maneira, a atividade agrícola predominante varia de imóvel para imóvel. Podendo ser:

- Agricultura;
- Agropecuária ou;
- Extrativismo.

Perceba que uma propriedade que possui como atividade agrícola predominante a agricultura, pode precisar de 20 ha para que a família que more na mesma, consiga tirar seu sustento.

Já a propriedade lindeira a esta, que possui como atividade agrícola predominante a agropecuária, pode precisar de 50 ha.

Da mesma maneira, uma terceira propriedade, que possui como atividade agrícola predominante o extrativismo, pode precisar de 80 ha para que a família que more na mesma consiga tirar seu sustento.

Com isso, fica complicado comparar-se os imóveis rurais entre si, sendo que o tamanho do módulo rural mudará de imóvel para imóvel.

Desta maneira, a utilização do módulo rural possibilita que as propriedades rurais sejam comparadas entre si.

Ou seja, para que possamos comparar 2 ou mais imóveis rurais, não precisaremos fazer cálculos complexos.

Se um imóvel rural possui 1 módulo rural e um outro imóvel rural possui 2 módulos rurais, significa que a renda gerada pelo segundo imóvel rural é o dobro da renda gerada pelo primeiro imóvel.

Com isso, podemos conceituar módulo rural como:

"Área da qual uma família consegue tirar seu sustento! "

Para que o módulo rural é utilizado

O módulo rural normalmente é utilizado para:

- Determinar a Fração Mínima de Parcelamento (FMP);
- Definir os limites da dimensão dos imóveis rurais no caso de aquisição por pessoa física estrangeira residente no País;
- Calcular o enquadramento sindical dos detentores do imóvel;
- Definir os beneficiários do Fundo de Terras e da Reforma Agrária – Banco da Terra, conforme o inciso II, do parágrafo único do art. 1°, da Lei Complementar n. ° 93, de 4 de fevereiro de 1998.

Conceito de módulo fiscal

O módulo fiscal é a média do tamanho dos módulos rurais do município, sendo que a Embrapa em seu site, informa que se leva em conta:

"a) o tipo de exploração predominante no município (hortifrutigranjeira, cultura permanente, cultura temporária, pecuária ou florestal);

(b) a renda obtida no tipo de exploração predominante;

(c) outras explorações existentes no município que, embora não predominantes, sejam expressivas em função da renda ou da área utilizada;

(d) o conceito de "propriedade familiar". A dimensão de um módulo fiscal varia de acordo com o município onde está localizada a propriedade. O valor do módulo fiscal no Brasil varia de 5 a 110 hectares. "

Para saber o tamanho dos módulos fiscais de determinado município brasileiro é só acessar o link abaixo:

https://www.embrapa.br/codigo-florestal/area-de-reserva-legal-arl/modulo-fiscal

Legislação respeito de módulos fiscais

As principais leis a respeito do módulo fiscal são o Estatuto da Terra (Lei 4.504/64) e a lei nº 6.746/79 (lei que alterou o estatuto da terra).

Em seu artigo 50, inciso 2º, a lei 6.746/79 traz a seguinte passagem:

"O módulo fiscal de cada Município, expresso em hectares, será determinado levando-se em conta os seguintes fatores:

a) o tipo de exploração predominante no Município:

I – hortifrutigranjeira;

II – cultura permanente;

III – cultura temporária;

IV – pecuária;

V – florestal;"

Em seu inciso 3º, a respectiva lei informa ainda que:

"O número de módulos fiscais de um imóvel rural será obtido dividindo-se sua área aproveitável total pelo modulo fiscal do Município. "

Agora que entendemos qual a diferença entre módulo rural e módulo fiscal, finalmente poderemos entender o que é a fração mínima de parcelamento.

FRAÇÃO MÍNIMA DE PARCELAMENTO

A lei 5.868/72 (lei que criou o Sistema Nacional de Cadastro Rural) informa que:

"Para fins de transmissão, a qualquer título, nenhum imóvel rural poderá ser desmembrado ou dividido em área de tamanho inferior à do módulo calculado para o imóvel

ou da fração mínima de parcelamento fixado no § 1º deste artigo, prevalecendo a de menor área.

§ 1º - A fração mínima de parcelamento será:

a) o módulo correspondente à exploração hortigranjeira das respectivas zonas típicas, para os Municípios das capitais dos Estados;

b) o módulo correspondente às culturas permanentes para os demais Municípios situados nas zonas típicas A, B e C;

c) o módulo correspondente à pecuária para os demais Municípios situados na zona típica D."

Fração Mínima de Parcelamento de Imóveis Rurais

No caso dos imóveis rurais, a fração mínima de parcelamento será igual ao tamanho do módulo fiscal.

Ou seja, o tamanho do módulo fiscal é que define o tamanho mínimo que um imóvel rural pode ter.

Fração mínima de parcelamento de imóveis urbanos

A lei dos registros públicos (lei 6.015/73), em seu artigo nº 213, inciso 9º, informa que no caso dos imóveis urbanos, a fração mínima de parcelamento será definida pela legislação urbanística.

Posteriormente, foi publicada a Lei do parcelamento do solo urbano (lei 6.015/79), sendo que em seu artigo 4º, a mesma trouxe o seguinte conceito:

"II – os lotes terão área mínima de 125 m² (cento e vinte e cinco metros quadrados) e frente mínima de 5 (cinco) metros, salvo quando o loteamento se destinar a urbanização específica ou edificação de conjuntos habitacionais de interesse social, previamente aprovados pelos órgãos públicos competentes; "

Ou seja, no caso de imóveis urbanos, o profissional precisará consultar a legislação municipal para identificar qual é a fração mínima de parcelamento.

Caso não exista legislação urbana a respeito, a fração mínima de parcelamento será de 125 m².

No caso, no parcelamento de imóvel urbano, Além da FMP, a outra informação que você precisa cuidar é o comprimento da frente do lote.

Nos próximos capítulos do livro nós iremos mergulhar fundo nesta temática.

Registro de propriedades com área inferior à fração mínima de parcelamento?

Uma dúvida que muitos profissionais possuem é quanto a como proceder no caso de imóveis rurais cuja área seja inferior a fração mínima de parcelamento.

Conforme informei anteriormente, o artigo 65 da lei nº 4.504/64, mostra que o imóvel rural precisa cumprir sua função social, de certa maneira que a família deve conseguir tirar seu sustento do mesmo.

No entanto, o decreto 62.504/68, em seu artigo 2º, trouxe uma mudança de interpretação, onde que o mesmo possibilita o desmembramento de imóveis rurais que se encaixem nas seguintes situações:

"I - Desmembramentos decorrentes de desapropriação por necessidade ou utilidade pública, na forma prevista no Artigo 390, do Código Civil Brasileiro, e legislação complementar.

II - Desmembramentos de iniciativa particular que visem a atender interêsses de Ordem Pública na zona rural, tais como:

a) os destinados a instalação de estabelecimentos comerciais, quais sejam:

1 - postos de abastecimento de combustível, oficinas mecânicas, garagens e similares;

2 - lojas, armazéns, restaurantes, hotéis e similares;

3 - silos, depósitos e similares.

b) os destinados a fins industriais, quais sejam:

1 - barragens, represas ou açudes;

2 - oleodutos, aquedutos, estações elevatórias, estações de tratamento de água, instalações produtoras e de transmissão de energia elétrica, instalações transmissoras de rádio, de televisão e similares;

3 - extrações de minerais metálicos ou não e similares;

4 - instalação de indústrias em geral.

c) os destinados à instalação de serviços comunitários na zona rural quais sejam:

1 - portos marítimos, fluviais ou lacustres, aeroportos, estações ferroviárias ou rodoviárias e similares;

2 - colégios, asilos, educandários, patronatos, centros de educação física e similares;

3 - centros culturais, sociais, recreativos, assistenciais e similares;

4 - postos de saúde, ambulatórios, sanatórios, hospitais, creches e similares;

5 - igrejas, templos e capelas de qualquer culto reconhecido, cemitérios ou campos santos e similares;

6 - conventos, mosteiros ou organizações similares de ordens religiosas reconhecidas;

7 - áreas de recreação pública, cinemas, teatros e similares. "

Ou seja, nestas situações, na qual o imóvel não é utilizado com função agrícola, é possível fazer-se o desmembramento com uma área inferior a FMP.

A legislação prevê três possibilidades de desmembramento abaixo da fração mínima.

- Aquisição de parcela inferior à fração mínima de área contínua, que será anexada a outro imóvel rural confrontante;
- Quando o interessado se enquadrar como agricultor familiar, o que deve ser comprovado através da apresentação da Declaração de Aptidão do Pronaf (DAP);
- Quando o imóvel rural estiver inserido no perímetro urbano do município.

Sugestão de leitura:

Artigo "*O parcelamento do imóvel rural via fração mínima de parcelamento frente à função social da propriedade*".

Eu imortalizei o mesmo através de um backup. Link:

https://bit.ly/artigo-fmp

A leitura do mesmo é um pouco maçante, porém vale a pena.

QUAL A DIFERENÇA ENTRE CARTA TOPOGRÁFICA, PLANTA, CROQUI E MAPA?

Quando se fala em Geotecnologias os termos são tantos que é normal ficarmos em dúvida quanto a diferença entre os mesmos e para que eles servem.

Por exemplo, você sabe qual a diferença entre:

- Uma carta topográfica IBGE;
- Uma planta;
- Um croqui e;
- Um mapa.

Sabe quando que cada um destes diferentes produtos deve ser produzido?

Sabe qual a legislação a respeito?

Não?

Então vamos entender o que cada um destes termos significa.

O que é uma planta topográfica

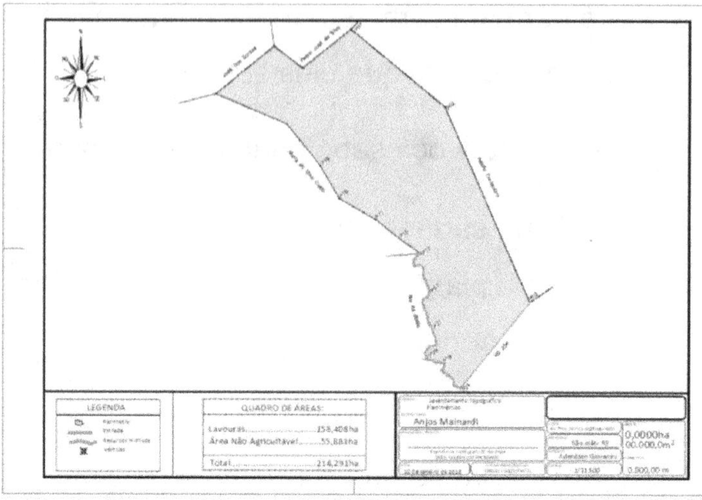

A planta topográfica é uma das peças técnicas que devem ser apresentadas ao profissional registro, juntamente com o memorial descritivo e a ART.

A NBR 13.133 traz a seguinte definição para planta:

"Representação gráfica de uma parte limitada da superfície terrestre, sobre um plano horizontal local, em escalas maiores que 1:10.000, para fins específicos, na qual não se considera a curvatura da Terra. "

Perceba que de acordo com a NBR 13.133, uma planta é uma representação gráfica de uma parte limitada da superfície.

Ou seja, possui uma escala grande *(maior do que 1:10.000),* servindo desta maneira para a representação das características de uma área.

Na topografia cadastral a planta é utilizada para:

- A representação da área de uma propriedade;
- A retificação de área;
- O desmembramento de área e;
- O remembramento de área.

Porém, a planta topográfica também serve para a representação de diferentes elementos cadastrais, podendo representar graficamente todas as características de uma área, incluindo:

- O relevo;
- Curvas de nível;
- Perfis longitudinais;
- Seções transversais;
- Pontos cotados;
- Acidentes geográficos;
- etc.

Ou seja, uma planta deve obrigatoriamente possuir uma escala grande.

Isso porque a mesma deve representar determinada porção da superfície terrestre de maneira detalhada.

Diferença entre escala grande e pequena

A diferença entre uma escala cartográfica grande e pequena é algo que a maioria dos profissionais não consegue entender, pois é justamente o contrário do que o fator de escala.

Isso acontece porque esta diferença é obtida através da divisão do numerador pelo denominador.

Ou seja, quanto maior o denominador, menor será a escala.

Por exemplo, considerando 2 escalas, 1:1.000 e 1:50.000, a primeira divisão resultará no valor 0,0010 e a segunda divisão, resultará no valor 0,00020. Perceba que o primeiro valor é maior do que o segundo.

Ou seja, a escala de 1:1.000 é maior do que a escala 1:50.000.

O que é uma carta topográfica IBGE

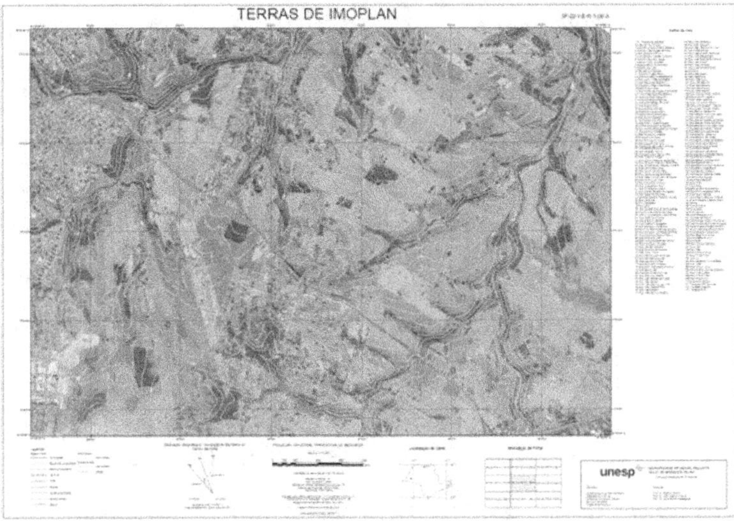

A NBR 13.133 traz a seguinte definição para mapa, sendo que entre parênteses coloca o termo (carta).

"Representação gráfica sobre uma superfície plana, dos detalhes físicos, naturais e artificiais, de parte ou de toda a superfície terrestre – mediante símbolos ou convenções e meios de orientação indicados, que permitem a avaliação das distâncias, a orientação das direções e a localização geográfica de pontos, áreas e detalhes -, podendo ser subdividida em folhas, de forma sistemática, obedecido um plano nacional ou internacional.

"

A mesma ainda complementa que:

"Esta representação em escalas médias e pequenas leva em consideração a curvatura da Terra, dentro da mais rigorosa localização possível relacionada a um sistema de referência de coordenadas.

A carta também pode constituir-se numa representação sucinta de detalhes terrestres, destacando, omitindo ou generalizando certos detalhes para satisfazer requisitos específicos.

A classe de informações, que uma carta, ou mapa, se propõe a fornecer, é indicada, freqüentemente, sob a forma adjetiva, para diferenciação de outros tipos, como, por exemplo, carta aeronáutica, carta náutica, mapa de comunicação, mapa geológico. "

Ou seja, carta topográfica e mapa são exatamente a mesma coisa. Tanto que a NBR 13.133 ainda traz a seguinte nota:

"Nota: Os ingleses e americanos dão preferência ao termo mapa, enquanto os franceses e demais países de origem latina ao termo carta."

Qual a diferença entre planta topográfica e carta topográfica IBGE

Perceba que diferentemente de plantas, cartas topográficas, também conhecidas como mapas possuem escalas pequenas.

Ou seja, servem para representar grandes frações da superfície terrestre.

Por exemplo:

- Municípios;
- Regiões;
- Estados e;
- Países.

Além disso, conforme a própria NBR 13.133 informa, plantas topográficas se baseiam em "*um plano horizontal local*".

Ou seja, no plano topográfico local.

Uma carta topográfica IBGE, por outro lado, segundo a NBR 13.133, deve estar:

"D*entro da mais rigorosa localização possível relacionada a um sistema de referência de coordenadas*".

Ou seja, cartas topográficas normalmente se baseiam na utilização de dados obtidos em coordenadas geográficas, referenciadas em um datum e que foram projetadas para o plano.

A NBR 13.133 também informa que cartas topográficas podem ser "*subdivididas em folhas, de forma sistemática, obedecido um plano nacional ou internacional.* "

Um exemplo disso é o mapeamento sistemático nacional realizado pelo exército.

O mesmo apoia-se nas folhas da Carta Internacional ao Milionésimo (CIM), que nada mais são do que uma série de cartas topográficas que compreendem escalas entre 1:25.000 e 1:1.000.000.

Na realidade, embora a NBR 13.133 traga a mesma definição para cartas topográficas e mapas, o termo carta topográfica normalmente é utilizado somente para a designar as cartas desta série de mapeamentos realizados pelo exército e que constituem as folhas da Carta Internacional ao Milionésimo.

Agora que você sabe o que é e para que serve uma carta topográfica IBGE, vamos entender o que é um croqui.

Escalas normalmente utilizadas para a produção de plantas e de mapas

Como exemplos de escalas utilizadas na produção de mapas temos as escalas utilizadas no mapeamento sistemático nacional.

São elas:

- 1:25.000;
- 1:50.000;
- 1:100.000;
- 1:250.000.
- 1:500.000.
- 1:1.000.000.

Quanto as plantas, conforme informado anteriormente, as escalas das mesmas devem ser superior a 1:10.000, sendo que valores diferentes costumam ser utilizados no mapeamento urbano e no mapeamento rural.

Como exemplos de escalas utilizadas no mapeamento rural temos:

- 1:1.000;
- 1:2.500;
- 1:5.000;

- 1:10.000.

Já como exemplos de escalas utilizadas no mapeamento urbano temos:

- 1:250;
- 500;
- 1: 750;
- 1:1.000;
- 1:2.000;
- 1:2.500.

Enfim, você precisa utilizar uma escala que forneça uma perfeita vista superior da área mapeada.

Para isso, você irá identificar o melhor valor de escala, haja vista a aplicação a qual o mapeamento se destina.

A possibilidade de utilizar diferentes layouts, conforme for necessário, fornece a liberdade para que você tenha uma ótima vista superior, mesmo que a área seja grande.

Por exemplo, para o mapeamento de um lote urbano, você poderá utilizar uma escala de 1:250 e um layout A4.

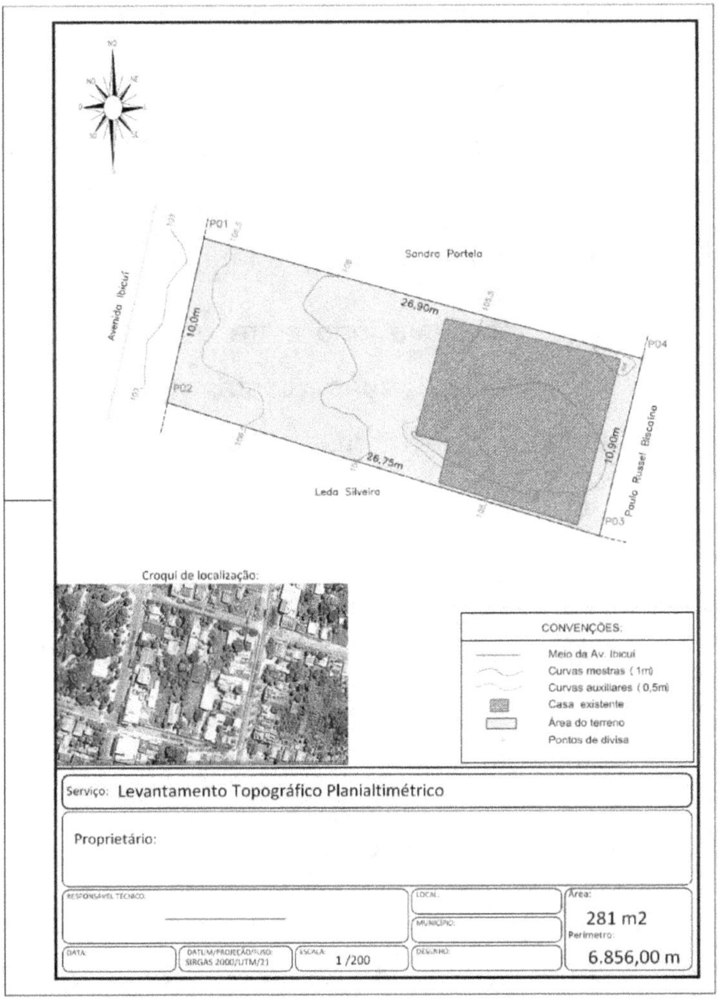

Já para um levantamento de uma área um pouco maior, por exemplo, para um levantamento planialtimétrico da área na qual será construído um supermercado, você pode utilizar um layout maior.

Por exemplo, um layout A3.

Desta maneira, você terá um ótimo detalhamento da área.

Perceba que as diferentes pranchas, de A0 a A4, dão uma liberdade para que você consiga representar a área mapeada em uma escala grande.

Ou seja, faça este jogo entre os diferentes layouts, de certa maneira que suas plantas tenham uma vista superior detalhada da área mapeada.

O QUE É UM CROQUI

A NBR 13.133 traz a seguinte definição para croqui:

"Esboço gráfico sem escala, em breves traços, que facilite a identificação de detalhes. "

Ou seja, um croqui é um desenho rápido, cujo objetivo é ajudar os profissionais da área a identificarem detalhes importantes.

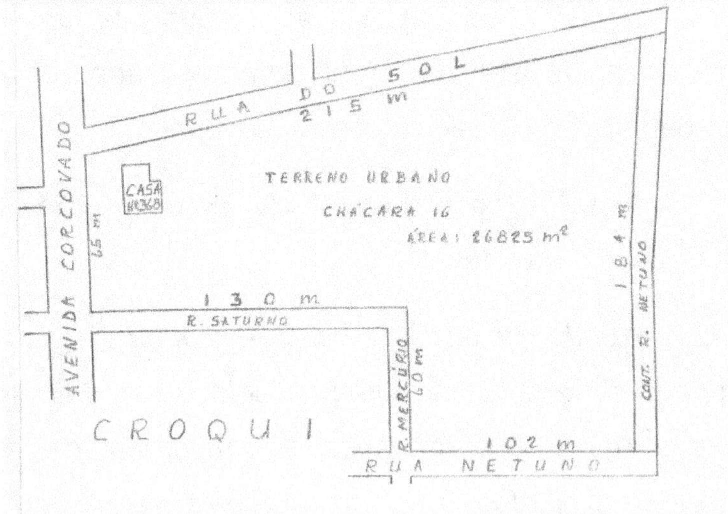

Desta maneira, croquis normalmente são produzidos a campo durante o levantamento topográfico, de certa forma que o profissional anota no mesmo toda e qualquer informação que possa ser importante.

- Por exemplo:
- A numeração dos vértices;
- Os nomes dos confrontantes;
- Onde começa e termina a confrontação.
- Enfim, qualquer informação que posteriormente possa ser útil.

O QUE É UMA FRAÇÃO IDEAL

A fração ideal é a porção comum de um terreno correspondente a unidade autônoma de cada condômino. Esta parte é indivisível e indeterminável.

O Novo Código Civil no artigo 1.331, inciso 3º informa o seguinte:

"A cada unidade imobiliária caberá, como parte inseparável, uma fração ideal no solo e nas outras partes comuns, que será identificada em forma decimal ou ordinária no instrumento de instituição do condomínio. (Redação dada pela Lei nº 10.931, de 2004) "

Vou lhe dar um exemplo, pois assim você entenderá melhor o assunto.

Um condomínio possui apartamentos que pertencem a cada um dos condôminos.

Além disso, o mesmo também possui locais como o pátio, a piscina, a área de festas e outras áreas que são públicas.

Desta maneira, não tem como um dos condôminos separar determinada área deste espaço que é de uso de todos e cercar.

É isso que é uma fração ideal, o pedaço da porção comum que pertence a determinado condômino.

Desta maneira, se a porção comum de um condomínio tiver 2.000 m² e o mesmo possuir 20 condôminos, cada condômino terá uma porção de 100 metros quadrados da área comum.

Exemplo da utilização da fração ideal no nosso dia a dia

A divisão do solo pela fração ideal é muito mais justa do que a divisão pela área. Isso porque nas propriedades sempre existirão as áreas mais nobres e as áreas de menor valor.

O erro que alguns profissionais cometem é justamente este, dizer que todas as áreas de uma propriedade são iguais.

Perceba que isso é uma falácia, que uma propriedade possui áreas de maior e áreas de menor valor, sendo que sempre que possível, isso deve ser levado em consideração.

Na realidade, normalmente o que definirá o método de parcelamento será o contrato.

Se o mesmo disser que a divisão é por hectares, não tem como considerar-se a fração ideal.

Isso pode ser feito somente se a sociedade foi criada levando em consideração a fração ideal pertencente a cada sócio e não a percentagem do imóvel.

Existem outros exemplos nos quais a utilização da fração ideal traz vantagens.

Um deles é em processos de sucessão.

No inventário, a divisão da terra será muito mais justa se a mesma for feita pela fração ideal e não pela área.

Desta maneira, os herdeiros que pegarem áreas mais nobres ficarão com áreas menores e os demais herdeiros com áreas maiores.

Exemplo de divisão de área pela área útil

Em processos de sucessão, quando não se tem uma divisão pela fração ideal, uma maneira de dividir-se os imóveis de maneira justa é levando-se em consideração as áreas úteis dos imóveis.

O grande objetivo é que o parcelamento seja feito de certa forma que as áreas divididas estejam de acordo com a legislação.

A grande diferença neste caso é que ao invés do Agrimensor mapear somente o perímetro da propriedade, mapeará também os usos do solo da mesma.

Posteriormente, fará o rotacionamento das linhas divisórias, de certa forma que a proporção entre a área útil e as demais áreas da propriedade original sejam divididas de maneira proporcional entre os diferentes herdeiros.

Desta maneira, se a área original possuí 100 ha e precisa ser parcelada entre 3 herdeiros, o procedimento padrão é fazer-se o levantamento cadastral da área, calcular-se quanto de área útil a mesma possui e, posteriormente fazer-se a divisão, de certa forma que a proporção de área útil seja igual entre todos os herdeiros.

Desta maneira, se uma propriedade de 100 ha deve ser dividida entre 2 herdeiros e a mesma possui 70% de área útil, torna-se fácil fazer-se a divisão de certa forma que cada uma das áreas remanescentes tenha 70% de área útil.

Para isso é necessário apenas achar-se a rotação certa da linha divisória.

Infelizmente, este procedimento dá um pouco de trabalho. Isso porque não existe nenhum software com capacidade de fazer tal divisão.

Por causa disso, a divisão deve ser feita com a utilização do método interativo, onde que levanta-se o uso do solo da propriedade e posteriormente, com a utilização de um software da família CAD, utiliza-se uma série de interações para fazer-se a divisão da área.

Exemplo de fracionamento de gleba pela área útil

Um exemplo de fracionamento de gleba pode ser visto na imagem abaixo.

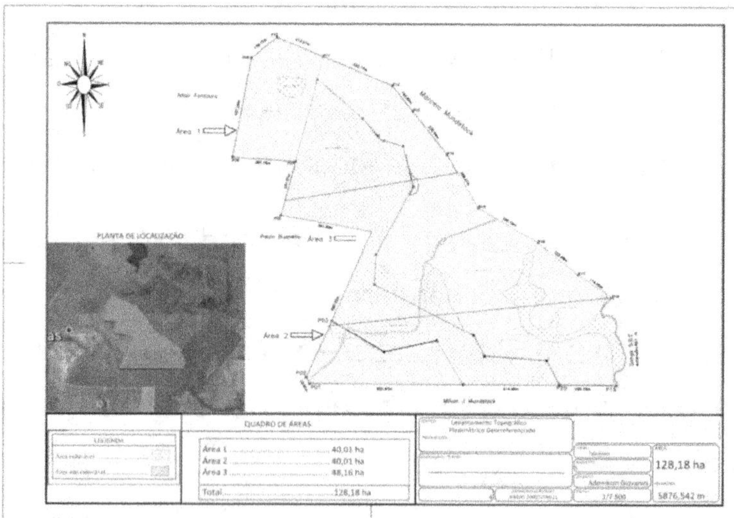

Perceba que eu fiz o levantamento da área útil da propriedade e, em seguida, fiz a divisão da área total entre os 3 herdeiros, utilizando um software que faz automaticamente tal fracionamento.

Posteriormente rotacionei as linhas de certa forma que a proporção entre as áreas úteis, a área que cada uma das glebas deveria ter e as demais áreas ficasse igual.

Desta maneira, mesmo sem poder fazer o parcelamento com base na fração ideal, eu consegui fazer com que o parcelamento do solo ficasse mais justo.

Na realidade, o maior benefício foi a restauração da paz entre os herdeiros. Isso porque o inventário estava causando uma briga familiar.

Outro sim, certa vez, conversando com um engenheiro florestal, eu comentei com ele que utilizava este procedimento.

O mesmo comentou comigo que esta divisão não é justa, pois as áreas de floresta também possuem valor econômico.

Diante disso, o que eu disse para ele é que não adianta a área ter valor econômico, se este valor não é usufruído pelo proprietário.

Por causa disso, eu faço uma ressalva. O parcelamento do solo utilizando este método é o mais justo?

Com certeza não, o justo seria um fracionamento feito com base em um estudo avançado que precificasse de maneira correta os diferentes ativos da propriedade.

Porém, é muito mais justo do que não se levar em consideração as áreas úteis das propriedades.

Caso você deseje aprender a produzir as diferentes plantas utilizadas em um escritório de Topografia cadastral, eu possuo um treinamento cirúrgico a respeito do tema.

Me refiro ao Curso de Confecção de Plantas Para Topografia Cadastral.

Aprenda Através de Exemplos Práticos a Produzir as Diferentes Plantas Produzidas em Escritórios de Topografia Cadastral!

Para conhecer melhor o mesmo e os bônus que você ganhará é só acessar o link abaixo:

https://adenilsongiovanini.com.br/curso-de-confeco-de-plantas-para-topografia-cadastral/

...

Estes são os principais conhecimentos inerentes a legislação cadastral que você precisa dominar.

Eu até queria compartilhar mais conhecimentos com você, mergulhando fundo na Topografia, na Cartografia e no Posicionamento Pelo GNSS.

Porém, infelizmente, se eu fizesse isso, este livro ficaria com 600 páginas de conteúdo. Talvez até mais.

Recomendo que após a leitura deste livro, você continue com os estudos.

Eu possuo uma série de outros livros e cursos que ajudarão você a dominar o tema.

Aconselho que você adquira o *Livro Topografia Cadastral e Georreferenciamento de Imóveis Rurais na Prática* e também o Manual do Topográfo.

Também pense seriamente em adquirir o Método Georreferenciamento Sem Mistérios ou o Treinamento Topografia Cadastral na Prática.

No mesmo eu ensino o passo a passo de prestação dos diferentes serviços topográficos.

Caso deseje conhecer todos os meus livros e cursos é só acessar o link abaixo:

https://adenilsongiovanini.com.br/cursos-online/

CAPÍTULO 3 – PARCELAMENTO DO SOLO

O parcelamento de solo é a divisão da terra em unidades juridicamente independentes.

QUAIS OS TIPOS DE PARCELAMENTO DO SOLO EXISTENTES?

Dê uma espiada no mapa mental abaixo.

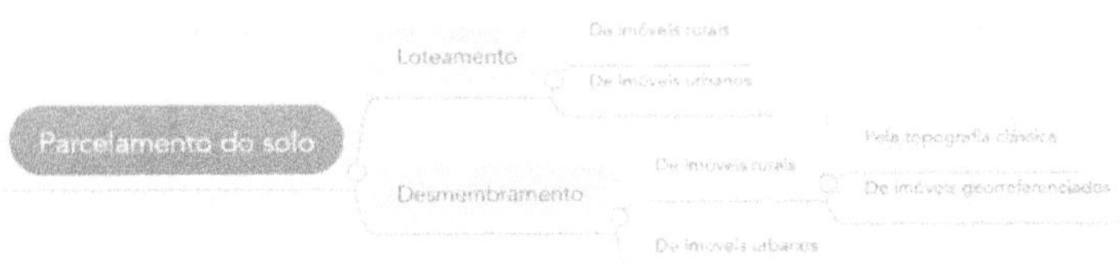

Perceba que o parcelamento do solo se divide em loteamento e desmembramento.

Estes, por sua vez, podem ser de imóveis rurais ou de imóveis urbanos.

Na realidade, os mesmos são temas bem complexos, sendo que por causa disso, neste capítulo, eu trarei os princípios gerais referentes ao parcelamento do solo.

Posteriormente, nos próximos capítulos, nós mergulharemos de cabeça no loteamento e no desmembramento.

PARCELAMENTO DO SOLO RURAL E URBANO

Quanto aos tipos, o parcelamento do solo pode ser dividido em parcelamento do solo rural e parcelamento do solo urbano.

Isso porque as regras e órgãos envolvidos no parcelamento do solo rural são diferentes das regras e órgãos envolvidos no parcelamento do solo urbano.

Vamos conhecer melhor estes 2 tipos existentes de parcelamento do solo.

PARCELAMENTO DO SOLO RURAL

Vamos primeiramente entender o parcelamento do solo rural, entendendo:

- Qual a legislação a respeito do mesmo;
- Quais são os órgãos envolvidos no mesmo;
- Quando o parcelamento do solo rural é proibido;

- Qual a fração mínima de parcelamento do solo rural;
- E muito mais.

Legislação a respeito do parcelamento do solo rural

O parcelamento do solo rural é gerido pelo Instituto Nacional de Colonização e Reforma Agrária (INCRA), sendo que todo parcelamento do solo rural, a priori, era regido pela instrução normativa 17-B.

Porém, a lei 10.267 de 28 de agosto de 2001 alterou dispositivos da lei 5.868, de 1972 (lei que criou o Sistema Nacional de Cadastros de Imóveis Rurais), trazendo, entre outras coisas, a criação do Cadastro Nacional de Imóveis Rurais (CNIR), sistema este gerenciado conjuntamente pelo INCRA e pela Secretaria da Receita Federal.

Além destas leis, existe uma série de outras leis que de alguma maneira influenciam no parcelamento do solo rural.

Vamos ver as mesmas. Peço que você leia atentamente e com um espirito curioso, pois o número de leis e instruções normativas é relativamente grande.

Lei 4.504/64 (estatuto da terra): trouxe em seu artigo 4º, inciso 1º, a definição de imóvel rural.

Definição esta que é utilizada pelo INCRA, sendo que por causa disso, eu já mostrei a mesma anteriormente.

Segue novamente a mesma:

"O prédio rústico, de área contínua qualquer que seja a sua localização que se destina à exploração extrativa agrícola, pecuária ou agro-industrial, quer através de planos públicos de valorização, quer através de iniciativa privada;"

Lei 4.947/66 - Fixa normas de direito agrário, dispõe sobre o sistema de organização e funcionamento do instituto brasileiro de reforma agrária (IBRA – Atual INCRA) e dá outras providências.

Decreto nº 62.504/68 – Definiu que a realização de certas obras ou atividades de utilidade pública ou interesse comunitário "*retiram a condição de imóvel rural das áreas em que são executadas*".

Eu também mostrei este conceito anteriormente, na página 77 do livro. Segue a transcrição de parte do artigo 2º do mesmo.

"I - Desmembramentos decorrentes de desapropriação por necessidade ou utilidade pública, na forma prevista no Artigo 390, do Código Civil Brasileiro, e legislação complementar.

II - Desmembramentos de iniciativa particular que visem a atender interêsses de Ordem Pública na zona rural, tais como:

a) Os destinados a instalação de estabelecimentos comerciais, quais sejam:

1 - postos de abastecimento de combustível, oficinas mecânicas, garagens e similares;

2 - lojas, armazéns, restaurantes, hotéis e similares;

3 - silos, depósitos e similares.

b) os destinados a fins industriais, quais sejam:

1 - barragens, represas ou açudes;

2 - oledutos, aquedutos, estações elevatórias, estações de tratamento de àgua, instalações produtoras e de transmissão de energia elétrica, instalações transmissoras de rádio, de televisão e similares;

3 - extrações de minerais metálicos ou não e similares;

4 - instalação de indústrias em geral.

c) os destinados à instalação de serviços comunitários na zona rural quais sejam:

1 - Portos marítimos, fluviais ou lacustres, aeroportos, estações ferroviárias ou rodoviárias e similares;

2 - colégios, asilos, educandários, patronatos, centros de educação física e similares;

3 - centros culturais, sociais, recreativos, assistênciais e similares;

4 - postos de saúde, ambulatórios, sanatórios, hospitais, creches e similares;

5 - igrejas, templos e capelas de qualquer culto reconhecido, cemitérios ou campos santos e similares;

6 - conventos, mosteiros ou organizações similares de ordens religiosas reconhecidas;

7 - Àreas de recreação pública, cinemas, teatros e similares."

Os desmembramentos de áreas destinadas às obras e atividades listadas no decreto 62.504/68 não estão sujeitos a fração mínima de parcelamento do solo rural, sendo obrigatoriamente limitados à área necessária à realização de tais objetivos, sendo que dependerão de prévia aprovação do INCRA.

Uma outra situação na qual imóveis situados em regiões rurais não seguem a fração mínima de parcelamento do solo rural é a existência de zonas de expansão do perímetro urbano encravadas no perímetro rural.

Neste caso, os imóveis não pertencerão ao perímetro rural e sim ao perímetro urbano, devendo obedecer a legislação municipal a respeito do tema.

Nos próximos tópicos nós iremos abordar o parcelamento do solo urbano, cobrindo de maneira detalhada esta temática.

Decreto lei Nº 1.110/70 - Cria o Instituto Nacional de Colonização e Reforma Agrária (INCRA), extingue o Instituto Brasileiro de Reforma Agrária (IBRA), o Instituto Nacional de Desenvolvimento Agrário e o Grupo Executivo da Reforma Agrária e dá outras providências.

Lei nº 5.868/72 – Criou o Sistema Nacional de Cadastro Rural (SNCR).

De acordo com o artigo 1º da referida lei, o mesmo compreende:

" I - Cadastro de Imóveis Rurais;

II - Cadastro de Proprietários e Detentores de Imóveis Rurais;

III - Cadastro de Arrendatários e Parceiros Rurais;

IV - Cadastro de Terras Públicas.

V - Cadastro Nacional de Florestas Públicas. "

Decreto n° 72.106/73 – Fez a regulamentação da lei nº 5.868/72, instituindo o SNCR e dando outras providências.

Uma das principais novidades trazidas pelo mesmo é a criação do módulo rural.

No artigo 29, o mesmo definiu a maneira através da qual o número de módulos do imóvel deveria ser calculado.

"a) o número de módulos do imóvel será obtido pelo somatório do número de módulos calculado para cada tipo

de exploração mais o número de módulos calculado para a área agricultável, mas não explorada do imóvel;

b) o número de módulos de cada tipo de exploração será obtido pela divisão da área explorada em cada tipo da exploração pelo módulo estabelecido, segundo tabela prevista no item V do artigo 24 deste Decreto;

c) o número de módulos da área agricultável, mas não explorada, será obtido dividindo-se essa área pelo módulo estabelecido para os tipos de exploração não definida constante da tabela a que se refere o item V do artigo 24 deste Decreto;

III - O módulo do imóvel será obtido pela divisão da área total agricultável pelo número do módulos calculado de acordo com o item II deste artigo;

IV - A determinação do número de módulos do conjunto de imóveis de um mesmo proprietário será feita pelo somatório do número de módulos dos diversos imóveis ou frações de imóveis;

V - A determinação do coeficiente de dimensão será obtida pela aplicação da tabela de valores progressivos constante do § 1º do artigo 50 da Lei nº 4.504, de 30 de novembro de 1964, em função do número de módulos do conjunto de imóveis do mesmo proprietário."

Lei n° 6.015/73 – Dispõe sobre os registro púbicos.

A mesma foi um divisor de águas, trazendo grandes mudanças nos procedimentos cadastrais e implantando uma série de requisitos.

Por exemplo, segue a transcrição do inciso 3° do artigo 176:

"Nos casos de desmembramento, parcelamento ou remembramento de imóveis rurais, a identificação prevista na alínea a do item 3 do inciso II do § 1o será obtida a partir de memorial descritivo, assinado por profissional habilitado e com a devida Anotação de Responsabilidade Técnica – ART, contendo as coordenadas dos vértices definidores dos limites dos imóveis rurais, georreferenciadas ao Sistema Geodésico Brasileiro e com precisão posicional a ser fixada pelo INCRA, garantida a isenção de custos financeiros aos proprietários de imóveis rurais cuja somatória da área não exceda a quatro módulos fiscais."

Este inciso trouxe a necessidade do georreferenciamento de imóveis rurais, o que posteriormente foi implantado pela lei 10.267/01.

A lei 6.015/73 fez a migração do sistema de transcrições para o sistema de matrículas.

Também passou a exigir a produção de planta e memorial descritivo, os quais devem estar assinados por profissional devidamente qualificado, exigindo também a emissão de ART.

Enfim, no que se refere a legislação cadastral, esta é uma lei de leitura obrigatória, pois a mesma faz definições que norteiam os procedimentos realizados pelos agrimensores.

Lei nº 6.739/79 - Dispõe sobre a matrícula e o registro de imóveis rurais e dá outras providências.

Lei nº 6.766/79 – Lei do parcelamento do solo urbano.

A principal novidade trazida por esta lei refere-se à criação das zonas de expansão do perímetro urbano.

Nos próximos conteúdos eu abordarei esta temática.

Lei nº 8.629/93 – Dispõe sobre a regulamentação dos dispositivos constitucionais relativos à reforma agrária.

Em seu artigo 2º, inciso 1º, a mesma traz a seguinte passagem.

" Compete à União desapropriar por interesse social, para fins de reforma agrária, o imóvel rural que não esteja cumprindo sua função social."

A respeito do cumprimento da função social, a referida lei, em seu artigo 9º traz a seguinte passagem.

"A função social é cumprida quando a propriedade rural atende, simultaneamente, segundo graus e critérios estabelecidos nesta lei, os seguintes requisitos:

I - aproveitamento racional e adequado;

II - utilização adequada dos recursos naturais disponíveis e preservação do meio ambiente;

III - observância das disposições que regulam as relações de trabalho;

IV - exploração que favoreça o bem-estar dos proprietários e dos trabalhadores."

A mesma, em seu artigo 4º também trouxe os conceitos referentes a:

- Imóvel rural;
- Pequena propriedade e;
- Média propriedade.

São eles:

"I- *Imóvel Rural - o prédio rústico de área contínua, qualquer que seja a sua localização, que se destine ou possa se destinar à exploração agrícola, pecuária, extrativa vegetal, florestal ou agro-industrial;*

II - Pequena Propriedade - o imóvel rural:

de área até quatro módulos fiscais, respeitada a fração mínima de parcelamento;

III - Média Propriedade - o imóvel rural:

a) de área superior a 4 (quatro) e até 15 (quinze) módulos fiscais;

§ 1º São insuscetíveis de desapropriação para fins de reforma agrária a pequena e a média propriedade rural, desde que o seu proprietário não possua outra propriedade rural."

Lei nº 8.935/94 – Conhecida como lei dos notários e registradores – Dispõe sobre os serviços cartoriais e de registro.

A principal novidade trazida por esta lei refere-se ao fato de que, para exercer as profissões de notário ou registrador, tornou-se necessário a realização de concurso público.

Lei 9.393/96 – Dispõe sobre o Imposto sobre a Propriedade Territorial Rural - ITR, sobre pagamento da dívida representada por Títulos da Dívida Agrária e dá outras providências.

Lei nº 10.267/01 – Estabeleceu o Georreferenciamento de Imóveis Rurais, alterando dispositivos das leis 4.947/66, 5.868/72, 6.015/73, 6.739/79 e 9.393/96.

Decreto nº 4.449/02 – Regulamentou a lei 10.267 resolvendo uma série de questões referentes a implementação da mesma.

Por exemplo:

- Da necessidade de apresentação do certificado do CCIR e da prova de quitação do ITR;
- De que em processos de usucapião, após o trânsito do mesmo, o juiz deve intimar o registro de imóveis, sendo que após a intimação, este convocará o usucapiente para proceder as atualizações cadastrais;
- De que o INCRA deve comunicar mensalmente aos serviços de registros de imóveis os códigos dos imóveis rurais

decorrentes de mudança de titularidade, parcelamento, desmembramento, loteamento e unificação.

Enfim, este decreto ajudou a moldar os procedimentos referentes aos processos de georeferenciamento de imóveis rurais.

Instrução normativa 256/02 – Dispõe sobre normas de tributação relativas ao ITR.

A mesma foi alterada pela Instrução Normativa RFB nº 861, de 17 de julho de 2008.

Provimento nº 07/05-CGJ – Projeto gleba legal.

Dispõe sobre o desmembramento extrajudicial de glebas as quais embora apareçam como um registro dentro de uma matrícula.

Ou seja, estando em uma posição indefinida e flutuante.

Na prática estão em uma posição definida e respeitada pelos confrontantes.

Com isso, o projeto gleba legal trouxe maior celeridade para os processos de desmembramento de imóveis rurais.

Decreto n° 5.570/05 – Deu nova redação ao decreto 4.449/2002, trazendo uma série de alterações nos processos de georreferenciamento de imóveis rurais;

Instrução Normativa nº 861/08 - Alterou a Instrução Normativa nº 256/02, dando nova redação a mesma.

Instrução normativa 1467/14 – Dispõe sobre o cadastro de imóveis rurais (Cafir).

Instrução Normativa nº 1582/15: estabelece normas e procedimentos para atualização de dados no Sistema Nacional de Cadastro Rural – SNCR.

As instruções normativas nº 861/08, 1467/14 e 1582/15 foram revogadas pela Instrução Normativa nº 2008/21.

Lei nº 13.465/17 – Dispõe sobre a regularização fundiária rural e urbana (Reurb) e dá outras providências.

Instrução Normativa nº 2008/21. Dispõe sobre o Cadastro de Imóveis Rurais (Cafir).

Em seu artigo 1º, a mesma informa que:

"O Cadastro de Imóveis Rurais (Cafir), do qual constarão as informações relativas ao imóvel rural, seu titular e, se for o caso, seus condôminos e compossuidores, será administrado pela Secretaria

Especial da Receita Federal do Brasil (RFB), nos termos desta Instrução Normativa e observada a legislação pertinente.

Parágrafo único. Ao imóvel rural cadastrado no Cafir será atribuído o Número do Imóvel na Receita Federal (Nirf). "

São estas as principais leis e instruções normativas referentes ao parcelamento do solo rural.

Quais São Os Órgãos Envolvidos No Parcelamento De Solo Rural?

O parcelamento de solo rural envolve o INCRA e o Registro de imóveis.

Lembre-se que o INCRA é o órgão responsável por garantir que os imóveis rurais estejam cumprindo sua função social.

Lembre-se também que todos os imóveis rurais do País devem estar cadastrados no Sistema Nacional de Cadastro Rural (SNCR), que é o cadastro utilizado pelo INCRA.

Além do INCRA e de seu cadastro, quando se fala em imóveis rurais, o outro órgão envolvido é Instituto de

Registro Imobiliário do Brasil (IRIB), representado nos municípios pelos tabelionatos de registro de imóveis, sendo que a função do IRIB é garantir o direito a propriedade.

Todas as propriedades imobiliárias do País, quer sejam urbanas ou rurais, devem estar cadastradas no registro de imóveis, possuindo matrícula própria.

É o registro que garante a propriedade imobiliária do imóvel.

Perceba que conforme informei no capítulo anterior, são órgãos distintos com funções e cadastros distintos.

Quando que o parcelamento do solo rural é proibido?

O parcelamento do solo rural será proibido quando a área resultante for menor do que a fração mínima de parcelamento.

No caso dos imóveis rurais, a fração mínima de parcelamento será igual ao tamanho do módulo fiscal.

Ou seja, o tamanho do módulo fiscal é que define o tamanho mínimo que um imóvel rural pode ter.

Exceto as situações previstas no artigo 2 do decreto 62.504/68, conforme mostro na página 77 do livro.

PARCELAMENTO DO SOLO URBANO

Agora que você entende um pouco a respeito do parcelamento do solo rural, está na hora de vermos o parcelamento do solo urbano, entendendo:

- A legislação a respeito do parcelamento do solo urbano;
- Quais os tipos de parcelamento do solo urbano existentes;
- Onde que o parcelamento do solo para fins urbanos pode ser feito;
- Quais as vantagens do parcelamento solo urbano;
- Quais são os órgãos envolvidos no mesmo;
- Qual a legislação a respeito do tema;
- Quando que o parcelamento urbano é proibido e;
- Quais as vantagens do parcelamento urbano.

Legislação a respeito do parcelamento do solo urbano

Como você deve ter percebido, a lei 6.766/79 (lei do parcelamento do solo urbano) é a principal lei existente a respeito do tema.

A mesma aborda o tema de uma maneira única, trazendo entre outras coisas, as diferentes disposições, requisitos e as características de um projeto de desmembramento e de loteamento.

A leitura da mesma é obrigatória.

Aconselho que você acesse a internet e leia a mesma, pois a mesma.

Naturalmente, ao longo dos próximos textos eu também irei destrinchar a mesma para você.

Porém, além da mesma existe uma série de outras leis que de alguma maneira influenciam no parcelamento do solo urbano.

Vou trazer uma rápida descrição das principais delas, uma vez que a maioria das mesmas, nós já vimos anteriormente.

Lei nº 5.868/72 – Instituiu o sistema nacional de cadastro rural e a fração mínima de parcelamento.

Segue a transcrição de parte do artigo 1°.

"É instituído o Sistema Nacional de Cadastro Rural, que compreenderá:

I - Cadastro de Imóveis Rurais;

II - Cadastro de Proprietários e Detentores de Imóveis Rurais;

III - Cadastro de Arrendatários e Parceiros Rurais;

IV - Cadastro de Terras Públicas.

V - Cadastro Nacional de Florestas Públicas. "

Lei 6.015/73 (lei dos registros públicos). Fez a migração do sistema de transcrições para o sistema de matrículas.

A mesma também definiu que o profissional de registro deveria aceitar solicitações de desmembramento, parcelamento ou remembramento de imóveis rurais somente com a apresentação de planta, memorial descritivo e anotação de responsabilidade técnica.

Documentos estes que devem ser apresentados pelo agrimensor juntamente com um requerimento.

Enfim, a lei 6.015/73 moldou o registro de imóveis como o mesmo é hoje.

A mesma também é uma lei cuja leitura é obrigatória.

Lei 10.257/01 - Regulamenta os artigos 182 e 183 da Constituição Federal, estabelece diretrizes gerais da política urbana e dá outras providências.

Lei n° 11.977/2009 – Dispõe sobre o Programa Minha Casa, Minha Vida – PMCMV e a regularização fundiária de assentamentos localizados em áreas urbanas.

Lei nº 13.105/2015 – Novo código do processo civil - Regula um procedimento administrativo extrajudicial para a usucapião de bens imóveis.

Lei n° 13.465/2017 – Dispõe sobre a regularização fundiária rural e urbana e dá outras providências.

Instrução normativa conjunta RFB/INCRA 1968/20 – Dispõe sobre a obrigatoriedade de vinculação de imóveis inscritos no Sistema Nacional de Cadastro Rural (SNCR) e no Cadastro de Imóveis Rurais (Cafir) para fins de estruturação do Cadastro Nacional de Imóveis Rurais (CNIR).

Quais os tipos de parcelamento do solo urbano existentes

Em seu artigo 2º, a lei do parcelamento de solo informa que:

"O parcelamento de solo urbano poderá ser feito mediante loteamento ou desmembramento, observadas as disposições desta lei e as das legislações estaduais e municipais pertinentes. "

A presença deste texto foi necessária, pois cada município possui suas próprias características, sendo impossível para uma lei de âmbito nacional, se adequar as mesmas.

Por exemplo, o perímetro urbano de cada município possui uma topografia única, o que faz com que o mesmo tenha uma distribuição espacial também única.

A predominância do uso do solo urbano também varia de município para município.

Temos, por exemplo, municípios nos quais o turismo é a atividade predominante. Em outros municípios é o comércio ou a indústria a atividade predominante.

Desta maneira, o município, através do plano diretor ou lei de diretrizes urbanas é que definirá o parcelamento de solo urbano.

A lei do parcelamento do solo, em seu artigo 2º informa ainda que:

"§ 1º Considera-se loteamento a subdivisão de gleba em lotes destinados a edificação, com abertura de novas vias de circulação, de logradouros públicos ou prolongamento, modificação ou ampliação das vias existentes.

§ 2º Considera-se desmembramento a subdivisão de gleba em lotes destinados a edificação, com aproveitamento do sistema viário existente, desde que não implique na abertura de novas vias e logradouros públicos, nem no prolongamento, modificação ou ampliação dos já existentes.

§ 4° Considera-se lote o terreno servido de infra-estrutura básica cujas dimensões atendam aos índices urbanísticos definidos pelo plano diretor ou lei municipal para a zona em que se situe.

§ 5° A infra-estrutura básica dos parcelamentos é constituída pelos equipamentos urbanos de escoamento das águas pluviais, iluminação pública, esgotamento sanitário, abastecimento de água potável, energia elétrica pública e domiciliar e vias de circulação. "

Onde que o parcelamento do solo para fins urbanos pode ser feito?

O parcelamento de solo para fins urbanos pode ser feito tanto em áreas urbanas, como em áreas rurais.

No caso das áreas rurais, o parcelamento é feito através da criação de zonas de expansão do perímetro urbano.

Todos os municípios brasileiros possuem ambas as áreas (rurais e urbanas), sendo que o limite do perímetro urbano é definido pela legislação municipal.

Este perímetro não é fixo, podendo sofrer mudanças a qualquer momento.

Para isso, é necessário a solicitação junto ao incra da mudança do uso do solo de rural para o urbano.

Ou seja, existe o perímetro rural e o perímetro urbano.

O parcelamento do solo rural é gerido pelo INCRA. Já o parcelamento do solo urbano é gerido pela prefeitura.

Caso exista uma área no perímetro agrícola que seja utilizada para fins urbanos, a prefeitura pode criar um projeto de expansão do perímetro urbano e solicitar junto ao INCRA a transferência desta área de rural para urbana.

O tema é um pouco complexo. No próximo capítulo nós mergulharemos fundo no mesmo.

Quais são os órgãos envolvidos no parcelamento do solo urbano?

No caso do perímetro urbano, o parcelamento de áreas urbanas envolve a prefeitura e o registro de imóveis.

A prefeitura gerenciará o parcelamento do solo no perímetro urbano e nas zonas de expansão do perímetro urbano.

Já o registro de imóveis possui como função garantir o direito a propriedade, sendo que tanto imóveis urbanos, como imóveis rurais devem estar cadastrados no mesmo.

Ou seja, o parcelamento de imóveis rurais, dependendo do tipo, terá procedimentos junto ao INCRA e ao registro de imóveis.

Já o parcelamento de imóveis urbanos, necessita de procedimentos junto a prefeitura e ao registro de imóveis.

Quando que o parcelamento do urbano solo é proibido?

Para que o parcelamento de solo urbano possa ser feito, o mesmo precisa respeitar a legislação vigente.

No caso dos imóveis urbanos, a lei do parcelamento do solo urbano definiu que a fração mínima de parcelamento é de 125 m², porém, abriu uma cláusula, permitindo que caso fosse necessário, este valor pudesse ser modificado pela legislação municipal.

Ou seja, na prática, você precisará se informar juntamente a prefeitura para saber qual é a fração mínima de parcelamento.

Além da fração mínima de parcelamento, a outra informação que você precisa cuidar é o comprimento da frente do imóvel.

Muitos municípios possuem também, diferentes valores de frações mínimas e máximas de parcelamento e de comprimento mínimo e máximo de frente de imóvel de acordo com a região do zoneamento urbano.

Com isso, os mesmos normalmente são mais restritivos em regiões de moradia, possibilitando lotes de maior tamanho em regiões industriais e de comércio.

Ou seja, você precisa ir até a prefeitura e se informar a respeito da legislação municipal.

Estude detalhadamente a mesma, pois isso evitará que você perca tempo, dinheiro e tenha que refazer serviços.

No que se refere a lei 6.766, em seu artigo 3º, a mesma trouxe uma série de proibições a respeito do parcelamento de solo urbano. São elas:

"I – em terrenos alagadiços e sujeitos a inundações, antes de tomadas as providências para assegurar o escoamento das águas;

II – em terrenos que tenham sido aterrados com material nocivo à saúde pública, sem que sejam previamente saneados;

III – em terrenos com declividade igual ou superior a 30% (trinta por cento), salvo se atendidas exigências específicas das autoridades competentes;

IV – em terrenos onde as condições geológicas não aconselham a edificação;

V – em áreas de preservação ecológica ou naquelas onde a poluição impeça condições sanitárias suportáveis, até a sua correção."

Ou seja, não tem como fazer-se o parcelamento de terrenos que se enquadrem nestas proibições.

Vantagens do parcelamento urbano

O parcelamento do solo urbano possui diversas vantagens. Como exemplos de vantagens para o proprietário podemos citar:

- Como o preço do lote será menor, haverá um maior número de potenciais compradores;
- Você conseguirá uma margem de lucro maior na venda de 2 ou mais terrenos pequenos do que teria na venda de um terreno grande;
- Você poderá alugar o terreno resultante do desmembramento, lucrando com o mesmo;
- Ao ter um terreno menor, o valor do IPTU será menor;
- Você poderá utilizar o desmembramento como uma maneira de regularizar construções existentes nos fundos do terreno e;
- Seus filhos ou demais familiares poderão morar perto de você.

O parcelamento urbano também traz inúmeras vantagens para a sociedade como um todo. Isso porque mais pessoas terão um lugar para chamar de seu.

Lembrando que todo lote urbano deve estar sendo utilizado. De certa maneira que os proprietários que possuem lotes com finalidade especulativa, não construindo nos mesmos, são penalizados, tendo que pagar uma maior taxa de IPTU.

Isso porque estes lotes estão ferindo os princípios do uso do solo urbano.

CAPÍTULO 4 - LOTEAMENTO: TUDO QUE VOCÊ PRECISA SABER A RESPEITO

Um loteamento é a divisão de uma gleba em uma série de lotes juridicamente independentes. Lotes estes que devem estar de acordo com a legislação vigente.

Normalmente, o responsável pelo loteamento é o loteador, sendo que o mesmo pode ser:

- Uma pessoa física;
- Uma empresa privada;
- Um órgão público ou;
- Uma cooperativa.

Porém:

- Quais os 2 tipos de loteamento existentes?
- O que é um loteamento irregular?
- O que é um loteamento clandestino?
- Qual a legislação a respeito do assunto?
- Quais os cuidados que são necessários ao se lotear uma área?
- O que é um projeto de loteamento?
- O que é uma planta de loteamento?

- Qual a diferença entre lote, loteamento, condomínio
  fechado, desmembramento e parcelamento do solo?

Neste capítulo do livro eu irei responder estas perguntas, ajudando você neste processo de dominar o assunto.

QUAIS OS 2 TIPOS DE LOTEAMENTO EXISTENTES

O loteamento de área pode ser dividido em loteamento de imóveis rurais e loteamento de imóveis urbanos.

Conforme informei anteriormente, no caso do perímetro rural, o INCRA é o órgão responsável pelo loteamento de área.

Já no caso do perímetro urbano, todo loteamento precisa ser aprovado pela prefeitura.

PROCEDIMENTO PARA A APROVAÇÃO DE UM PROJETO DE LOTEAMENTO JUNTO A PREFEITURA

Para conseguir a aprovação do projeto de loteamento o interessado deve apresentar juntamente a prefeitura um requerimento e uma planta da área que pretende lotear.

A este respeito, o artigo 6º da lei do parcelamento do solo urbano informa o seguinte.

"*Antes da elaboração do projeto de loteamento, o interessado deverá solicitar à Prefeitura Municipal, ou ao Distrito Federal quando for o caso, que defina as diretrizes para o uso do solo, traçado dos lotes, do sistema viário, dos espaços livres e das áreas reservadas para equipamento urbano e comunitário, apresentando, para este fim, requerimento e planta do imóvel contendo, pelo menos:*

I - as divisas da gleba a ser loteada;

II - as curvas de nível à distância adequada, quando exigidas por lei estadual ou municipal;

III - a localização dos cursos d'água, bosques e construções existentes;

IV - a indicação dos arruamentos contíguos a todo o perímetro, a localização das vias de comunicação, das áreas livres, dos equipamentos urbanos e comunitários existentes no local ou em suas adjacências, com as respectivas distâncias da área a ser loteada;

V - o tipo de uso predominante a que o loteamento se destina;

VI - as caracteristicas, dimensões e localização das zonas de uso contíguas."

Ou seja, o empreendedor precisa apresentar o requerimento e a planta juntamente a prefeitura.

É interessante que você ao ser contratado para a realização de um levantamento topográfico para um projeto de loteamento, vá até a prefeitura e se informe a respeito.

Isso porque ao fim, ao cabo, estamos lidando com pessoas, sendo que as exigências podem variar um pouco de prefeitura para prefeitura.

Perceba isso, que existe o lado técnico e o lado humano.

O lado técnico, uma vez que você aprendeu como proceder, dificilmente terá surpresas.

Já o lado humano, este exige uma atenção redobrada.

No que se refere a procedimentos junto a prefeitura e ao registro de imóveis, embora exista a legislação vigente, quem interpreta e aplica a mesma são pessoas.

Cada pessoa por sua vez, possui sua própria interpretação.

Ou seja, sempre é bom se informar, conhecendo a legislação e também os exatos modelos de documentos e peças técnicas exigidos pela prefeitura e pelo registro de imóveis do município de interesse.

Perceba que é interessante que você vá se informar junto a prefeitura.

Aproveite a visita e peça um chacklist dos documentos necessários e também modelos da planta de loteamento e do requerimento.

Isso porque pode ser que a prefeitura tenha um modelo próprio, o qual deva preferencialmente ser seguido.

Enfim, sempre é interessante que você vá até a prefeitura se informar, pois, como disse, ao fim, ao cabo, estamos lidando com pessoas.

Existem pessoas que são mais exigentes e pessoas que não são tão exigentes.

Com isso, pode ser que com base na lei do parcelamento do solo, você produza uma planta e que a mesma seja aceita pelo profissional da prefeitura.

Por outro lado, pode ser que o mesmo exija que um modelo previamente definido seja utilizado.

Logo, como disse, é interessante que você se informe a respeito, solicitando modelos do documental necessário.

Isso evitará que você perda de tempo e tenha retrabalho.

O QUE A CERTIDÃO DE DIRETRIZES PARA USO, OCUPAÇÃO E PARCELAMENTO DO SOLO DEVE INDICAR

Tendo como base a planta apresentada pelo empreendedor, a prefeitura irá emitir a certidão com as diferentes diretrizes que o mesmo deve adotar.

No caso, a certidão de diretrizes para uso, ocupação e parcelamento do solo emitida pela prefeitura deverá indicar as modificações necessárias:

- No uso do solo;
- No traçado dos lotes;
- No traçado do sistema viário;
- No traçado dos espaços livres e;
- No traçado das áreas reservadas para equipamentos urbanos e comunitários.

A este respeito, a lei do parcelamento do solo urbano, em seu artigo 7º informa que:

"A Prefeitura Municipal, ou o Distrito Federal quando for o caso, indicará, nas plantas apresentadas junto com o requerimento, de acordo com as diretrizes de planejamento estadual e municipal:

I - as ruas ou estradas existentes ou projetada, que compõem o sistema viário da cidade e do município, relacionadas com o loteamento pretendido e a serem respeitadas;

II - o traçado básico do sistema viário principal;

III - a localização aproximada dos terrenos destinados a equipamento urbano e comunitário e das áreas livres de uso público;

IV - as faixas sanitárias do terreno necessárias ao escoamento das águas pluviais e as faixas não edificáveis;

V - a zona ou zonas de uso predominante da área, com indicação dos usos compatíveis."

Ou seja, conforme informei anteriormente, a certidão de diretrizes para uso, ocupação e parcelamento do solo indicará as mudanças necessárias no projeto.

Mudanças estas que deverão ser implementadas.

Uma vez que o projeto de loteamento tenha sido aprovado, o empreendedor terá o prazo de 4 anos para a implantação do mesmo.

A este respeito, o artigo 9º da lei do parcelamento do solo informa que:

"*Orientado pelo traçado e diretrizes oficiais, quando houver, o projeto, contendo desenhos, memorial descritivo e cronograma de execução das obras com duração máxima de quatro anos, será apresentado à Prefeitura Municipal, ou ao Distrito Federal, quando for o caso, acompanhado de certidão atualizada da matrícula da gleba, expedida pelo Cartório de Registro de Imóveis competente, de certidão negativa de tributos municipais e do competente instrumento de garantia, ressalvado o disposto no § 4o do art. 18.*

§ 1o - Os desenhos conterão pelo menos:

I - a subdivisão das quadras em lotes, com as respectivas dimensões e numeração;

II - o sistema de vias com a respectiva hierarquia;

III - as dimensões lineares e angulares do projeto, com raios, cordas, arcos, pontos de tangência e ângulos centrais das vias;

IV - os perfis longitudinais e transversais de todas as vias de circulação e praças;

V - a indicação dos marcos de alinhamento e nivelamento localizados nos ângulos de curvas e vias projetadas;

VI - a indicação em planta e perfis de todas as linhas de escoamento das águas pluviais."

Ou seja, com base na certidão de diretrizes, você fará as devidas correções no projeto, posteriormente apresentando o mesmo junto a prefeitura.

No caso, de acordo com o artigo 9º da lei do parcelamento do solo o projeto deve conter:

- Os desenhos;
- O memorial descritivo;
- O cronograma de execução das obras.

No caso, este não pode ser superior a 4 anos.

Em seu inciso 2º, o artigo 9º da lei de parcelamento do solo informa ainda que:

"O memorial descritivo deverá conter, obrigatoriamente, pelo menos:

I - a descrição sucinta do loteamento, com as suas características e a fixação da zona ou zonas de uso predominante;

II - as condições urbanísticas do loteamento e as limitações que incidem sobre os lotes e suas construções, além daquelas constantes das diretrizes fixadas;

III - a indicação das áreas públicas que passarão ao domínio do município no ato de registro do loteamento;

IV - a enumeração dos equipamentos urbanos, comunitários e dos serviços públicos ou de utilidade pública, já existentes no loteamento e adjacências."

Nos próximos textos eu trarei uma série de modelos que ajudarão você a entender quais são as diferentes pelas técnicas necessárias.

O QUE É UM LOTEAMENTO IRREGULAR?

Todo loteamento precisa de um projeto de loteamento, o qual deve ser aprovado junto a prefeitura.

No caso, um loteamento (ou condôminio) irregular é aquele que não possua projeto de loteamento ou cujo projeto de loteamento não foi aprovado pela prefeitura.

Também são considerados irregulares os loteamentos cujo projeto foi aprovado pela prefeitura, porém que durante sua implementação não obedeceu aos critérios estabelecidos pela lei de parcelamento do solo urbano.

O QUE É UM LOTEAMENTO CLANDESTINO?

Loteamento clandestino ou condômino clandestino é todo loteamento ou condôminio realizado sem qualquer tipo de consulta à prefeitura, de certa maneira que o loteador não respeita as normas urbanísticas.

Na realidade, muitas vezes o que acontece é que o loteador acredita que lotear uma área seja simplesmente pegar a mesma e dividir em uma série de lotes.

Ou seja, o mesmo não busca se informar a respeito do assunto e parte logo para a ação, dividindo a área em uma série de lotes.

Posteriormente, ao ir até o registro de imóveis registrar os lotes, descobre que precisará de um projeto de loteamento.

Também pode acontecer de o empreendedor, em uma busca antiética pelo lucro, agir de má fé, fazer o loteamento de maneira clandestina e posteriormente, vender os lotes utilizando para isso um simples contrato de gaveta.

O que acontecerá se você ou um cliente seu comprar um lote clandestino

O adquirente de um imóvel clandestino enfrentará sérios problemas.

Primeiramente porque provavelmente o imóvel não terá alguns dos equipamentos urbanos essenciais exigidos pela prefeitura.

Por exemplo, o lote pode não ter água encanada, luz e esgotamento sanitário.

O problema pode ser ainda maior, pois enquanto que o loteamento não for regularizado, a propriedade do lote não poderá ser passada para o adquirente.

Isso se o empreendedor tiver a propriedade do imóvel, pois pode acontecer de o mesmo não ter a mesma.

Por exemplo, o mesmo comprou o lote através de um contrato de gaveta e nunca regularizou o mesmo.

Ou ainda, invadiu uma área e posteriormente loteou a mesma.

Ou seja, o adquirente não possui a propriedade do lote, mas sim a simples posse.

Pode acontecer, por exemplo, de a mesma ser uma área pública, de certa maneira que as pessoas que comprarem lotes deste loteamento nunca conseguirão a propriedade do lote.

Na realidade, a situação mais corriqueira é o empreendedor construir o loteamento de maneira clandestina, pois não quer arcar com os custos da regularização.

Isso porque o mesmo precisará contratar um profissional qualificado para a realização de um projeto de loteamento, precisando também construir os diferentes equipamentos e estruturas necessárias.

Diante disso, pode acontecer de o empreendedor em uma busca pela maximização de seus lucros, lotear a área de maneira clandestina, não construindo os diferentes equipamentos necessários.

Posteriormente, vender os lotes somente com um contrato de gaveta.

Diante disso, pode acontecer de uma pessoa que adquiriu um lote através de um contrato de gaveta, meses ou até mesmo anos após a compra, ao tentar vender o mesmo, descobrir que o loteamento é clandestino.

Diante disso, a única maneira possível da mesma ter seu prejuízo minimizado é através da instauração de um processo judicial.

Através deste procedimento, a mesma conseguirá a indenização por parte do possuidor da gleba original.

Naturalmente, para isso a mesma precisará contratar um advogado e recorrer a via judicial.

Ou seja, um longo e desgastante processo, que fará o adquirente se estressar e perder muito tempo e muito dinheiro.

Perceba a importância de solicitar-se para o corretor ou empreendedor uma certidão atualizada da matrícula, pois somente assim você (ou seu cliente) terão certeza que o imóvel está registrado no cartório.

Uma segunda coisa que você ou seu cliente precisarão fazer é ir até o imóvel verificar o mesmo.

Isso porque somente assim é possível ter-se certeza que o imóvel possui os diferentes equipamentos urbanos necessários.

Cuidado: a irregularidade atinge todos os níveis sociais

Infelizmente temos imóveis em situação irregular em todos os níveis sociais, da favela aos condomínios de luxo.

Logo, não cometa o erro de pressupor que por se tratar de um imóvel situado em um lugar nobre, o mesmo está com sua situação cadastral em dia.

Sempre solicite uma certidão atualizada da matrícula que comprove o registro no cartório.

Também é interessante proceder junto a prefeitura, pois na mesma no cadastro de pagamento do IPTU tem as dimensões do lote.

Esta é uma maneira de verificar se as dimensões do mesmo correspondem as dimensões informadas pelo empreendedor.

COMO REGULARIZAR LOTEAMENTOS ANTIGOS

Conforme informo na página 29, em 2017 foi aprovada a lei 13.465, a qual criou a regularização fundiária urbana.

No caso, existem 3 tipos de Reurb:

- Regularização Fundiária de Interesse Social (Reurb – S);
- Regularização Fundiária de Interesse Específico (Reurb - E) e;

- Regularização Fundiária Inominada (Reurb – I).

Sendo que através da REURB – I é possível regularizar-se loteamentos antigos.

Conforme informei anteriormente, juntamente com este livro você ganhou alguns bônus extras.

Um deles é justamente o e-book a respeito desta temática.

Caso você tenha adquirido o livro físico, precisará me enviar uma mensagem no WhatsAPP ou um e-mail para que eu libere o acesso aos bônus.

Meu e-mail é:

adenilsongiovanini@hotmail.com

QUAIS OS CUIDADOS QUE SÃO NECESSÁRIOS AO SE LOTEAR UMA ÁREA?

Sempre que um cliente lhe procurar querendo parcelar uma gleba, a primeira coisa que você precisa fazer é informar o mesmo.

Desta maneira, você informará que ele precisará de um projeto de loteamento, adequando o loteamento a legislação vigente.

Projeto este que deve ser feito por um profissional devidamente qualificado (normalmente um Arquiteto), isso porque a legislação urbanística e ambiental precisa ser levada em consideração.

Ou seja, na prática o que acontece é que um arquiteto projetará o loteamento, levando em consideração a legislação vigente.

Porém, como o mesmo não possui conhecimentos topográficos, precisará da ajuda de um Agrimensor.

Com isso, o arquiteto planejará o espaço de uma maneira conceitual, entendendo a legislação vigente e também as necessidades práticas e cotidianas das pessoas, transpondo-as para o projeto.

O Agrimensor, por sua vez, irá viabilizar o projeto de loteamento através da produção da planta de loteamento e posteriormente, de uma série de projetos complementares necessários à implantação do loteamento.

Como exemplos de projetos complementares temos:

- Projeto geométrico;

- Terraplenagem;
- Drenagem;
- Rede de abastecimento de água;
- Rede de esgotamento sanitário;
- Pavimentação e;
- Rede elétrica.

Perceba que estes diferentes projetos precisam ser locados a campo, sendo que o Agrimensor é o profissional que fará isso.

Lembrando que o empreendedor tem apenas 4 anos para implementar o projeto a partir do ato da aprovação do mesmo pela prefeitura.

Ou seja, o Agrimensor está presente em praticamente todas as etapas de um projeto de loteamento.

No início, o mesmo fará o levantamento da área e a produção da planta de loteamento, do memorial descritivo e do requerimento.

Após a aprovação do projeto de loteamento, os diferentes equipamentos urbanos precisarão ser locados a campo, sendo que você através da utilização de uma estação total ou receptor GNSS fará a locação dos mesmos.

O QUE É UMA PLANTA DE LOTEAMENTO?

Uma planta de loteamento é a planta do imóvel que será loteado, a qual deve ser apresentada juntamente com o requerimento para conseguir a aprovação do projeto de loteamento.

Conforme informei anteriormente, a mesma deve conter as diferentes estruturas presentes no inciso 1° do artigo 9° da lei do parcelamento do solo. São eles:

"I - as divisas da gleba a ser loteada;

II - as curvas de nível à distância adequada, quando exigidas por lei estadual ou municipal;

III - a localização dos cursos d'água, bosques e construções existentes;

IV - a indicação dos arruamentos contíguos a todo o perímetro, a localização das vias de comunicação, das áreas livres, dos equipamentos urbanos e comunitários existentes no local ou em suas adjacências, com as respectivas distâncias da área a ser loteada;

V - o tipo de uso predominante a que o loteamento se destina;

VI - as caracteristicas, dimensões e localização das zonas de uso contíguas."

Veja na imagem abaixo um modelo de planta de loteamento.

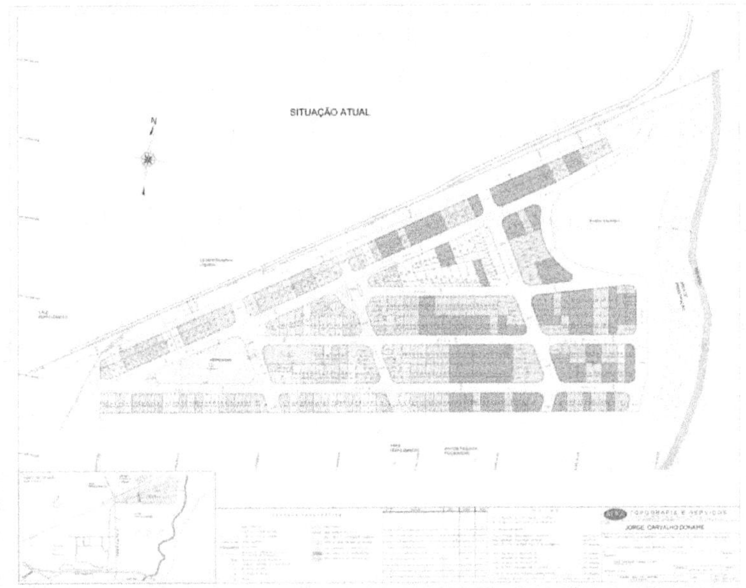

Fonte: https://fotos.habitissimo.com.br/foto/projeto-de-loteamento_1645357

Uma planta de loteamento deve ser produzida em um software especifico de topografia.

Como exemplos de softwares topográficos que produzem plantas para loteamento temos:

- Topograph;
- Métrica topo e;
- Trimble Business Center.

PLANTA PARA A VENDA DE UM LOTEAMENTO

Uma variação da planta de loteamento é a normalmente produzida para a venda do loteamento.

A mesma normalmente é uma planta humanizada, que possui os diferentes lotes e arruamentos.

O grande objetivo desta planta é fazer o marketing do loteamento, causando um impacto visual e conquistando possíveis compradores.

Veja alguns exemplos deste modelo de planta.

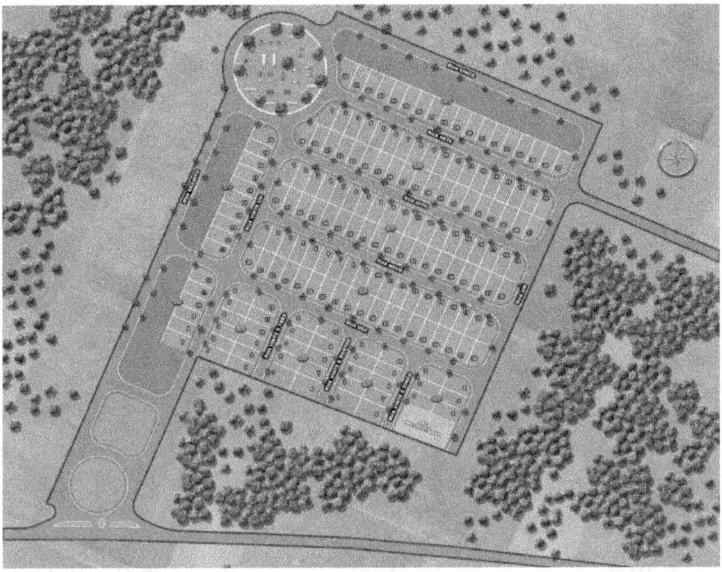

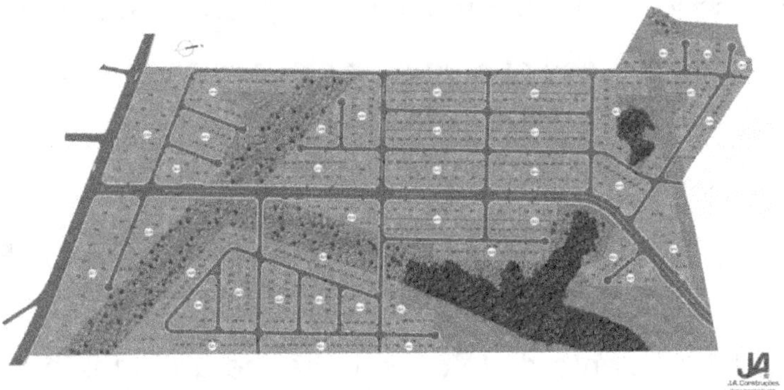
J.A. Construções

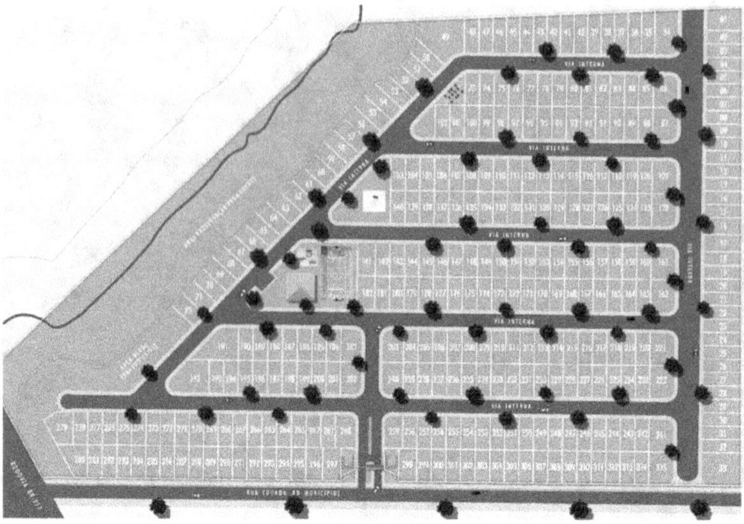

Perceba que conforme informei anteriormente, o grande objetivo deste modelo de planta é a venda dos lotes, sendo que o mesmo não possui nem mesmo os elementos básicos que uma planta técnica deve ter.

O QUE É UMA PLANTA DE LOTE

Uma planta de lote é o desenho do formato do lote e da sua localização no espaço, possuindo também as dimensões do terreno.

A mesma vai indicar, por exemplo, o espaço disponível para a construção, de certa maneira que todo e qualquer aspecto da obra de um imóvel requer, primeiro, a avaliação deste desenho pelo engenheiro ou arquiteto responsável pela edificação.

Veja um exemplo de planta de lote na imagem abaixo.

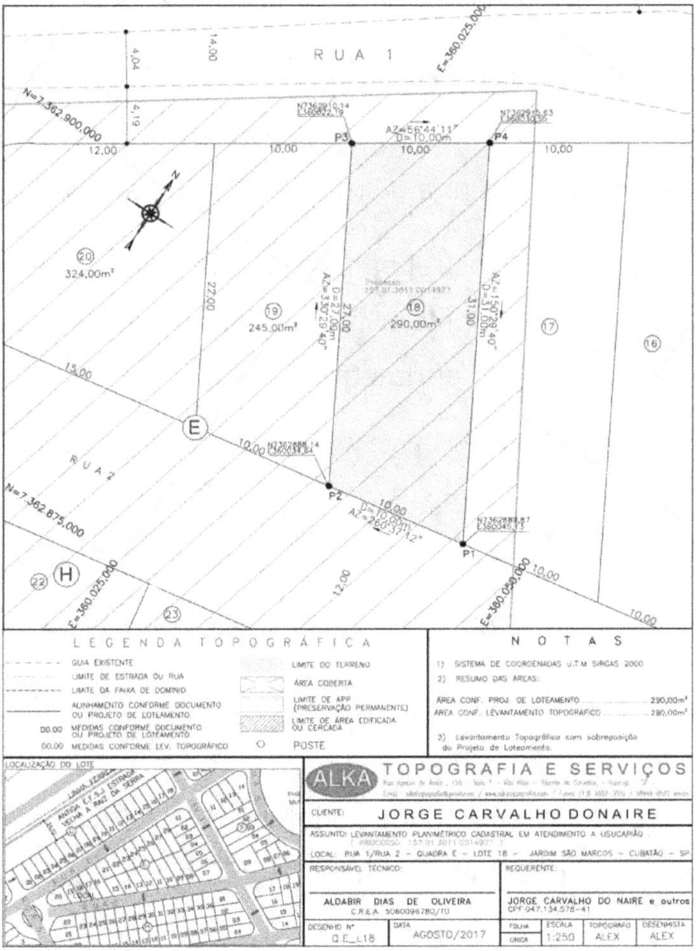

Fonte: https://fotos.habitissimo.com.br/foto/planta-topografica_1645359

Perceba que a mesma possui uma vista superior do lote, possuindo a área e uma série de informações referentes ao mesmo.

Perceba que a mesma também possui um croqui de localização, que possibilita identificar o exato local do loteamento no qual o respectivo lote se encontra.

Para permitir a visualização adequada das informações é comum a utilização de escalas grandes.

Conforme mostrei na página 86, são valores normais de escalas normalmente utilizadas para a representação do perímetro urbano:

- 1:250;
- 1:500;
- 1:750;
- 1:1.000;
- 1:2.000 e
- 1:2.500.

Sendo que no caso de lotes urbanos cujo objetivo é a moradia, são escalas normais 1: 250 e 1:500.

As outras escalas normalmente são utilizadas na representação de áreas maiores.

QUAL A DEFINIÇÃO DE LOTE

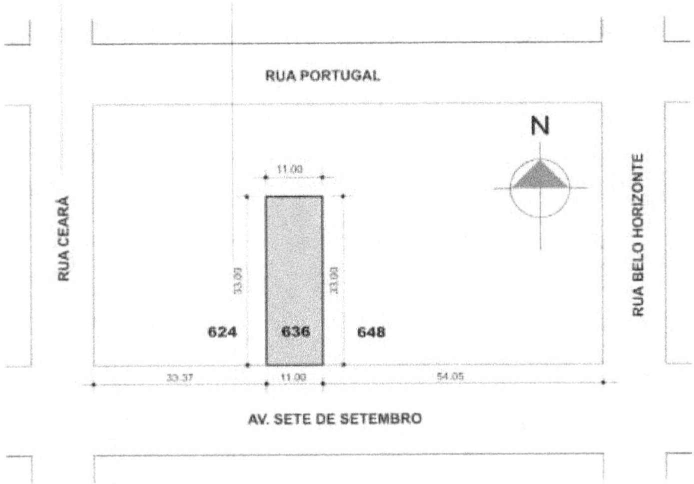

PLANTA DE SITUAÇÃO fonte tam. 12
esc. 1/1000 fonte tam. 10

A lei do parcelamento do solo em seu artigo 2°, inciso 4° traz a seguinte definição para lote:

"Considera-se lote o terreno servido de infra-estrutura básica, cujas dimensões atendam aos índices urbanísticos definidos pelo plano diretor ou lei municipal para a zona em que se situe."

Ou seja, um lote precisa da infra-estrutura urbana básica.

O mesmo também deve respeitar os valores de fração mínima de parcelamento e de comprimento de frente que constam na legislação municipal.

Caso o município não possua legislação a este respeito, os loteamentos devem respeitar os valores que constam no artigo 4º da lei do parcelamento do solo.

Segue a transcrição do referido artigo.

"Art. 4o. Os loteamentos deverão atender, pelo menos, aos seguintes requisitos:

I - as áreas destinadas a sistemas de circulação, a implantação de equipamento urbano e comunitário, bem como a espaços livres de uso público, serão proporcionais à densidade de ocupação prevista pelo plano diretor ou aprovada por lei municipal para a zona em que se situem.

II - os lotes terão área mínima de 125m² (cento e vinte e cinco metros quadrados) e frente mínima de 5 (cinco) metros, salvo quando o loteamento se destinar a urbanização específica ou edificação de conjuntos habitacionais de interesse social, previamente aprovados pelos órgãos públicos competentes;

III – ao longo das faixas de domínio público das rodovias, a reserva de faixa não edificável de, no mínimo, 15 (quinze) metros de cada lado poderá ser reduzida por lei municipal ou distrital que aprovar o instrumento do planejamento territorial, até o limite mínimo de 5 (cinco) metros de cada lado

III-A. – ao longo das águas correntes e dormentes e da faixa de domínio das ferrovias, será obrigatória a reserva de uma faixa não edificável de, no mínimo, 15 (quinze) metros de cada lado.

IV - as vias de loteamento deverão articular-se com as vias adjacentes oficiais, existentes ou projetadas, e harmonizar-se com a topografia local.

§ 1º A legislação municipal definirá, para cada zona em que se divida o território do Município, os usos permitidos e os índices urbanísticos de parcelamento e ocupação do solo, que incluirão, obrigatoriamente, as áreas mínimas e máximas de lotes e os coeficientes máximos de aproveitamento.

§ 2 º - Consideram-se comunitários os equipamentos públicos de educação, cultura, saúde, lazer e similares.

§ 3 º Se necessária, a reserva de faixa não-edificável vinculada a dutovias será exigida no âmbito do respectivo licenciamento ambiental, observados critérios e parâmetros que garantam a segurança da população e a proteção do meio ambiente, conforme estabelecido nas normas técnicas pertinentes.

§ 4º No caso de lotes integrantes de condomínio de lotes, poderão ser instituídas limitações administrativas e direitos reais sobre coisa alheia em benefício do poder público, da população em geral e da proteção da paisagem urbana, tais como servidões de passagem, usufrutos e restrições à construção de muros.

§ 5º As edificações localizadas nas áreas contíguas às faixas de domínio público dos trechos de rodovia que atravessem perímetros urbanos ou áreas urbanizadas passíveis de serem incluídas em perímetro urbano, desde que construídas até a data de promulgação deste parágrafo, ficam dispensadas da observância da exigência prevista no inciso III do caput deste artigo, salvo por ato devidamente fundamentado do poder público municipal ou distrital."

QUAL A DIFERENÇA ENTRE CONDOMÍNIO FECHADO E LOTEAMENTO

A principal diferença entre condomínio fechado e loteamento é que condomínios fechados são áreas particulares, cujos espaços de uso público pertencem aos condôminos.

Com isso, os condomínios fechados possuem todo um esquema de segurança, guarita, possibilidade de câmeras e acesso controlado.

Já um loteamento possui áreas públicas, cujo acesso não pode ser negado.

Este fator torna impraticável a construção de muros e a restrição de acesso.

Ou seja, na prática, os projetos de loteamento e de condomínio são muito parecidos, ambos precisando ser aprovados pela prefeitura.

MODELOS DE DOCUMENTOS PARA PROJETO DE LOTEAMENTO OU CONDOMÍNIO

Conforme informei anteriormente, é aconselhável que você se informe juntamente a prefeitura da cidade de interesse e peça modelos dos diferentes documentos exigidos pela mesma.

No caso, neste livro eu trarei uma série de modelos disponibilizados pela Secretária da habitação do Estado de São Paulo através de manual oficial.

O objetivo aqui é trazer um estudo de caso com documentos nos quais você possa se guiar.

Os documentos e modelos que irei mostrar estão disponíveis online no link abaixo:

https://app.habitacao.sp.gov.br/ManualGraprohab/7Anexos.html

Lembrando que diversas prefeituras disponibilizam em seus sites modelos dos diferentes documentos exigidos.

Se você pesquisar na internet pelo termo "*documentos para projeto de loteamento*" ou por alguma variação do mesmo, acessará uma infinidade de modelos, normalmente disponibilizados pelos sites das prefeituras.

Modelo de requerimento para a expedição de certificado de aprovação de loteamento ou condomínio

Segue um modelo de requerimento para a expedição de certificado de aprovação de loteamento ou condomínio.

(Empresa) ________________ CNPJ ________________ situada à Rua (Av.) __________________________ Estado __ CEP __________ Telefone __________, por seu(s) representante(s) legal (ais) ________________ RG nº ______________ CPF nº ______________ residente(s) à Rua (Av.) ________________ Município ______________ Estado __ CEP ________________ Telefone ________________ e-mail ________________ nos termos do Decreto nº 52.053, de 13 de agosto de 2007, requer a expedição do CERTIFICADO DE APROVAÇÃO do projeto referente ao empreendimento (loteamento ou condomínio):

Denominação:
LOTEAMENTO ________________
Localização: (Rua-Av) ______________
Bairro: ________________ no Município de ________________
objeto da matrícula(s) nº ________________ do Cartório de Registro de Imóveis da Comarca de ________________.

A documentação anexa atende à legislação vigente e deverá ser encaminhada, no âmbito de sua competência, aos seguintes órgãos e empresas: (relacionar quais órgãos)

Nestes Termos,
Pede Deferimento

______________ de ________ de ______

Assinatura do(s) representante(s) legal(ais) da Pessoa Jurídica Proprietária ou de seu(s) procurador(es) nomeado(s)

Ao
Grupo de Análise e Aprovação de Projetos Habitacionais
GRAPROHAB
Rua Boa Vista, 170 14ºandar bloco 3 - Centro
São Paulo – SP

Perceba que o mesmo é extremamente simples.

Modelos de declaração

Segue uma série de modelos de declaração. No caso, os mesmos devem estar assinados pelo proprietário.

Requerimento padrão

Declaro, sob as penas da lei, não existir nenhum requerimento para aprovação de (loteamento ou condomínio), junto ao GRAPROHAB, anterior a esta data, referente ao imóvel situado à (Rua/Av.) __________ no Município de __________ nº objeto da matrícula nº _______ do Cartório de Registro de Imóveis da Comarca de ____________.

__________ de ________ de ____

Assinatura proprietário(s) ou de seu(s) procurador(es)

Referência a protocolo anterior

Declaro que o presente projeto refere-se ao imóvel situado à (Rua-Av)_______________ no Município de __________, objeto da matrícula nº _____ do Cartório de Registro de Imóveis da Comarca de ___________, e que tramitou anteriormente junto ao GRAPROHAB, sob o protocolo nº ____.

_______, __de ________ de ____

____

Assinatura proprietário(s) ou de seu(s) procurador(es)

Cancelamento

Solicito o cancelamento, e devolvo, nesta data, o Certificado GRAPROHAB nº __, emitido em __/__/__, oriundo do protocolo nº _____, em virtude de novo projeto sobre a mesma área, que se descreve na matrícula nº _____ do Cartório de Registro de Imóveis da Comarca de ___________.

_________, __ de ________ de ____

____

Assinatura proprietário(s) ou de seu(s) procurador(es)

Modelos de procuração

Pessoa física

Pelo presente instrumento particular, _______________, RG nº _________ e CPF nº _____________, residente(s) à Rua (Av.) ____________________________ nº ___, bairro ________, Município ___________, Estado ___, CEP ______, Telefone _______, proprietário(s) do empreendimento abaixo mencionado, nomeia(m) e constitui(em) seu(s) bastante procurador(es) ______________________________, RG nº __________, CPF nº _________, residente à Rua (Av.) ______________ nº ____, bairro ________, Município ______, Estado ____, CEP _________, Telefone ______________, com poderes para representá-lo(s) junto ao Grupo de Análise e Aprovação de Projetos Habitacionais – GRAPROHAB – para requerer a aprovação do projeto, acompanhar o processo administrativo e retirar o Certificado de Aprovação do empreendimento (loteamento ou condomínio): denominado ____________________, localizado à Rua (Av.) _____________ nº ____, bairro _______, Município de ___________.

__________ de ________ de ____

____

Assinatura do(s) Proprietário(s) do Empreendimento

Pessoa jurídica

Pelo presente instrumento particular (Empresa)_____________ CNPJ_________, situada à (Rua-Av.)_________________ Município_______ Estado_____, CEP__________, Telefone_________ por seu(s) representante(s) legal(ais)____________________, RG nº__________, CPF nº_____________ residente(s) à Rua (Av.)___________ Município_______________ Estado___ CEP________ Telefone____________, proprietária do empreendimento abaixo mencionado, nomeia e constitui seu(s) bastante procurado(res)__________, RG nº___________, CPF nº____________ residente à Rua (Av.)_____________ nº____, bairro_______ Município___________, Estado___________ CEP__________, Telefone______, com poderes para representá-lo(s) junto ao Grupo de Análise e aprovação de Projetos Habitacionais – GRAPROHAB – para requerer a aprovação do projeto, acompanhar o processo administrativo e retirar o Certificado de Aprovação do empreendimento (loteamento ou condomínio) denominado________ localizado à Rua (Av.)_____________, nº____, bairro_______, Município de______

_______ de________ de_____

____

Assinatura do(s) Proprietário(s) do Empreendimento

Requerimento de reabertura

Pessoa física

Ao
Grupo de Análise e Aprovação de Projetos Habitacionais
GRAPROHAB
Rua Boa Vista, nº 170 14º andar - Centro
São Paulo – SP

(Nome)_______________, RG nº_________, CPF nº_______ residente e domiciliado à Rua (Av.)__________ no Município de______________ Estado_____, CEP_______ telefone________, e-mail________ requer a reabertura do protocolo nº________ referente ao empreendimento na modalidade de (loteamento ou condomínio)_______________ denominado___________ localizado (Rua-Av.)______________ Bairro_________, no Município de_________, objeto da matrícula nº________ do Cartório de Registro de Imóveis da Comarca de_________, em razão do voto de indeferimento proferido por__________ (indicar o nome do(s) órgão(s) do Colegiado). Nesta oportunidade, junto a documentação necessária para a análise, que deverá ser encaminhada ao(s) seguinte(s) órgão(s):_______________

Nestes termos,

Pede Deferimento.

_________ de_______ de____

____

Proprietário(s) ou seu(s) procurador(es)

Pessoa jurídica

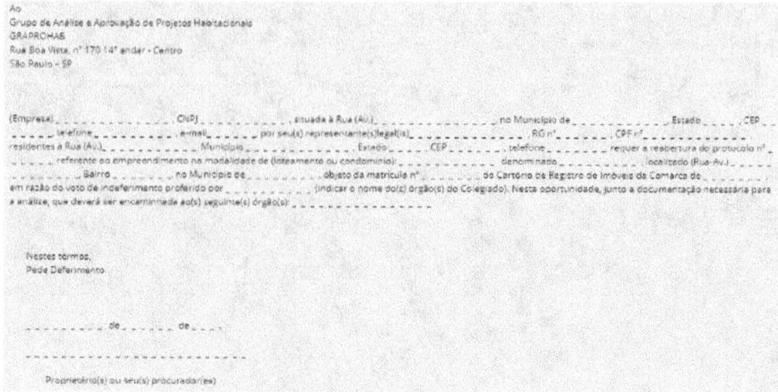

Ao
Grupo de Análise e Aprovação de Projetos Habitacionais
GRAPROHAB
Rua Boa Vista, nº 170 14º andar - Centro
São Paulo - SP

(Empresa) ____________, CNPJ ____________, situada à Rua (Av.) ____________ no Município de ____________ Estado ______, CEP ______ telefone ____________, e-mail ________ por seu(s) representante(s)legal(is) ____________, RG nº ________, CPF nº ____________ residentes à Rua (Av.) ____________ Município ____________, Estado ______, CEP ________, telefone ________ requer a reabertura do protocolo nº ________ referente ao empreendimento na modalidade de (loteamento ou condomínio): ____________ denominado ____________, localizado (Rua-Av.) ____________ Bairro ____________ no Município de ____________, objeto da matrícula nº ________ do Cartório de Registro de Imóveis da Comarca de ____________, em razão do voto de indeferimento proferido por ____________ (indicar o nome do(s) órgão(s) do Colegiado). Nesta oportunidade, junto a documentação necessária para a análise, que deverá ser encaminhada ao(s) seguinte(s) órgão(s): ____________

Nestes termos,
Pede Deferimento.

____________ de ________ de ______.

____

Proprietário(s) ou seu(s) procurador(es)

Certidão de matrícula

No caso, a Secretária de habitação do Estado de São Paulo informa que a Certidão de Propriedade, atualizada de até 90 (noventa) dias, relativa à matrícula do imóvel objeto do projeto, deverá ser emitida pelo Cartório de Registro de Imóveis competente.

Na referida matrícula ou transcrição, deverá constar a descrição do imóvel objeto do empreendimento.

Planta de localização e imagem de satélite

A respeito da planta de localização, a Secretária da habitação do estado de São Paulo Informa o seguinte:

"Para empreendimentos localizados na região metropolitana de São Paulo, deverá ser apresentada obrigatoriamente planta do Sistema Cartográfico

Metropolitano, em escala 1:10.000, com a exata localização e representação geométrica do perímetro do empreendimento. Essa planta deverá ser adquirida no IGC.
"

Lembre-se que no segundo capítulo do livro eu lhe mostrei a diferença entre planta e mapa, onde que uma planta deve possuir uma escala grande.

No caso, segundo a NBR 13.133, escala maior do que 1:10.000.

É por isso que a Secretária da habitação do estado de São Paulo exige que a planta esteja nesta escala.

A secretária da habitação do estado de São Paulo Informa ainda que:

"Para empreendimentos localizados fora da região metropolitana de São Paulo, deverá ser apresentada planta do Plano Cartográfico do Estado de São Paulo, em escala 1:10.000, com a exata localização e representação geométrica do perímetro do empreendimento.

Nos casos de empreendimentos localizados nas regiões metropolitanas da Baixada Santista, de Campinas, de Sorocaba, do Vale do Paraíba e Litoral Norte e de Ribeirão Preto, o interessado deverá anexar folha do

Instituto Geográfico e Cartográfico – IGC em escala 1:10.000.

No caso de não haver mapeamento do IGC para a área do empreendimento, o interessado deverá apresentar planta oficial adotada pela Prefeitura Municipal, preferencialmente em escala 1:10.000, desde que seja uma carta planialtimétrica, com cursos d'água, coordenadas, curvas de nível, etc. e que tenha condições de identificação e localização do imóvel, ou seja, na planta de localização a área do empreendimento deverá ser desenhada com o seu perímetro demonstrando todas as linhas de confrontação e a forma geométrica idêntica à encontrada no Projeto Urbanístico, porém, na escala desta planta de localização.

Essa planta poderá ser adquirida na Prefeitura da cidade onde o mesmo se localiza, ou no IGC – Instituto Geográfico e Cartográfico – (Casa Civil do Governo do Estado de São Paulo).

A localização deverá ser exata no que se refere à posição e distância em relação ao sistema viário, cursos d'água e topografia existentes.
Na planta de localização, a ser encaminhada para a CETESB, deverão ser identificadas as principais fontes de poluição ambiental, tais como, indústrias, aterros sanitários,

lixões, estações de tratamento de esgotos, estações elevatórias de esgotos, minerações, etc. até uma distância de 500 metros dos limites da área do empreendimento. Nesta planta deverão ser indicados, também, os principais acessos para tornar possível a vistoria ao local.

A imagem de satélite deverá conter a exata localização e representação geométrica do perímetro do empreendimento, bem como as coordenadas geográficas aproximadas da localização do terreno.

Para auxiliar a localização, deverá ser informado complementarmente, na imagem de satélite, as coordenadas geográficas."

Modelo de memorial descritivo e justificativa do empreendimento

Acesse o respectivo modelo no link abaixo:

https://app.habitacao.sp.gov.br/ManualGraprohab/9 MemorialDescritivoeJustificativ.html

Além destes documentos, o Manual da Secretária de habitação do Estado de São Paulo traz uma série de outros modelos e conhecimentos, sendo uma leitura muito interessante.

Acesse os diferentes modelos no link abaixo:

https://app.habitacao.sp.gov.br/ManualGraprohab/7Anexos.html

Ou se preferir, acesse este outro link e leia o Manual em sua integra:

https://app.habitacao.sp.gov.br/ManualGraprohab/Inicio.html

LOTEAMENTO DE CHÁCARAS EM ÁREA RURAL?

O que é o loteamento de chácaras em área rural, como regularizar uma chácara rural e como fazer um loteamento de chácaras em área rural?

Estes são os temas que serão abordados nesta seção do livro.

Como fazer um loteamento de chácaras em área rural

Este é um tema bem complexo, de certa maneira que para explicar para você as circunstâncias nas quais é possível fazer-se o loteamento de chácaras em área rural, precisarei trazer uma série de conhecimentos.

Isso porque nós precisamos entender:

- O que é uma chácara rural?
- O que a legislação diz a respeito do loteamento de chácaras em área rural?
- Como obter a propriedade de uma chácara existente na área rural?

Somente após entender estes conceitos é que você conseguirá entender como proceder para fazer o loteamento de chácaras em área rural.

O que é uma chácara rural?

Uma chácara rural nada mais é do que uma fração de terras existente fora do perímetro urbano da cidade, cujo tamanho é menor do que a fração mínima de parcelamento.

Este tipo de empreendimento normalmente não possui utilização rural, sendo que quem comprou o mesmo possui outra fonte de renda.

Com isso, o que esta pessoa faz é construir uma casa normalmente com piscina e plantar algumas árvores frutíferas.

No caso, o órgão responsável por garantir que os imóveis rurais estejam cumprindo suas funções sociais é o INCRA, sendo que para o mesmo, todo imóvel deve estar sendo produtivo.

Este é o motivo de existência dos imóveis rurais.

Acontece que a fração mínima de parcelamento é a menor área possível da qual uma família consegue tirar seu sustento.

Ou seja, todo imóvel rural deve:

- Possuir uma área igual ou maior do que a fação mínima de parcelamento;
- Estar sendo produtivo.

Perceba que as chácaras rurais ferem ambos os conceitos. Isso porque são menores do que a fração mínima de parcelamento e não estão sendo utilizadas para fins produtivos.

Ou seja, o INCRA não aceita chácaras no perímetro rural.

Ao tentar registrar um imóvel cujo tamanho é menor do que a fração mínima de parcelamento seguindo as vias tradicionais, o profissional de registro simplesmente se negará a efetuar o registro, pois tal imóvel burla a legislação nacional.

Diante disso, é simplesmente impossível regularizar chácaras rurais através das vias clássicas do registro de imóveis.

Ao chegarmos a esta percepção, as perguntas que ficam são:

- Existe alguma outra maneira de se conseguir a propriedade de uma chácara rural?
- É possível ter-se uma chácara ou até mesmo fazer-se um loteamento de chácaras em área rural?

Pois bem, a partir de agora eu irei responder estas perguntas.

Como regularizar uma chácara rural?

Como disse antes, simplesmente não tem como conseguir o registro de uma chácara rural pela via tradicional.

Isso porque ao comprar-se uma propriedade imobiliária rural, o que está no centro do processo é o imóvel em si.

Como o imóvel fere a legislação vigente, não é possível registrar-se o mesmo.

Acontece que existe uma outra maneira de se regularizar um imóvel rural. Para isso, é só ao invés do imóvel, o direito a propriedade estar no centro do processo.

Isso porque o direito a propriedade é um direito superior, direito este que todas as pessoas possuem.

Com isso, por exemplo, em um processo de sucessão, os herdeiros conseguem a propriedade dos lotes, mesmo estes tendo um tamanho inferior ao da fração mínima de parcelamento.

Isso porque é o direito a propriedade e não o imóvel em si, que está no centro do processo.

Já no caso de imóveis que possuam uma área inferior a fração mínima de parcelamento e que tenham sido adquiridas através de contrato de gaveta, é possível obter-se a propriedade das mesmas através de um processo de usucapião.

Isso porque o que estará no centro do processo será o direito a propriedade e não o imóvel em si.

Naturalmente, o posseiro precisará ter justo título, boa fé e o tempo de posse necessário para usucapir o imóvel.

O caminho que possibilitará que você faça o loteamento de chácaras em área rural

Agora que você entendeu como regularizar imóveis rurais que possuam área inferior a fração mínima de parcelamento, vamos entender como conseguir fazer um loteamento de chácaras na área rural.

Saiba que sim, é possível fazer-se o loteamento de chácara em área rural, porém não em qualquer lugar, mas sim, somente em áreas especiais, as quais naturalmente não possuam finalidade rural.

Como exemplos temos balneários e campings.

Perceba que estas são áreas que embora estejam no meio rural, normalmente não são utilizadas com finalidade rural.

Com isso, é possível fazer-se o loteamento de chácaras nestas áreas.

Para isso, será necessário primeiramente solicitar-se junto ao INCRA a mudança do uso do solo de rural para urbano.

Ou seja, será criada uma zona de expansão do perímetro urbano.

Existem 2 maneiras de se fazer isso:

- A criação de um projeto de lei por parte da prefeitura e a posterior apresentação de uma solicitação junto ao INCRA;
- A solicitação junto ao INCRA da transferência de uso do solo de rural para urbana por meio de um particular.

Naturalmente, este último também deve ser feito através da apresentação de um projeto devidamente fundamentado.

Sempre que uma solicitação de transferência de uso do solo de rural para urbana for feita, um profissional do INCRA irá analisar e, caso a solicitação seja fundamentada, a área poderá passar de rural para urbana, possibilitando assim a criação de chácaras rurais.

Este é o único caminho possível para a criação de chácaras e loteamentos em áreas rurais, a criação de uma zona de expansão do perímetro urbano.

CAPÍTULO 5 -
DESMEMBRAMENTO DE IMÓVEIS

O desmembramento de imóveis é dividido em desmembramento de imóveis rurais e desmembramento de imóveis urbanos.

Vamos ver os mesmos.

DESMEMBRAMENTO DE IMÓVEIS: CONCEITO E TIPOS EXISTENTES

O conceito teórico que melhor descreve o desmembramento é:

"Tirar uma área de dentro de uma área maior! "

Ou seja, o desmembramento nada mais é do que divisão de uma propriedade imobiliária em 2 ou mais propriedades.

Com isso, uma matrícula dará origem a 2 ou mais matrículas.

Olhe para o mapa mental abaixo.

Perceba que o desmembramento se divide em desmembramento de imóveis rurais e desmembramento de imóveis urbanos.

Perceba também que o desmembramento de imóveis rurais, por sua vez, se divide em:

- Desmembramento de imóveis rurais georreferenciados e;
- Desmembramento de imóveis rurais pela topografia clássica.

Perceba ainda que tanto o desmembramento de imóveis rurais, como o desmembramento de imóveis urbanos possuem suas próprias frações mínimas de parcelamento.

Ou seja, precisaremos abordar de maneira separada o desmembramento de imóveis urbanos e o desmembramento de imóveis rurais.

Vamos abordar primeiramente o desmembramento de imóveis urbanos.

Porém, antes disso, preciso trazer alguns conceitos importantes.

Desmembramento judicial

O desmembramento de imóveis rurais não georreferenciados via esfera judicial era o procedimento padrão de desmembramento até 2005.

O mesmo é algo caro, demorado e que gera uma grande quantidade de processos.

Em 2005 surgiu um provimento revolucionário que implementou o projeto gleba legal. O mesmo possibilita o desmembramento de maneira extrajudicial.

Vamos entender melhor este projeto.

Projeto gleba legal

Normalmente, quando uma área é desmembrada, a mesma precisa ser medida, sendo que a área resultante recebe uma nova matrícula.

O problema é que normalmente não é isso o que acontece. Na maioria das vezes a área desmembrada não é medida e, com isso, ela aparece na matrícula original como um registro.

Ou seja, como uma área dentro de uma área maior.

Isso significa que a área não possui uma posição definida no espaço. Pelo menos é isso que a realidade jurídica diz.

Só que a realidade física do imóvel é diferente. O mesmo possui uma posição definida e respeitada pelos confrontantes.

Se os confrontantes que são os maiores interessados respeitam esta propriedade quem é a justiça para não respeitar e reconhecer a mesma.

O projeto gleba legal (provimento nº 07/2005-CGJ) levou isso em consideração e implementou o desmembramento extrajudicial, o que agilizou e diminui consideravelmente a quantidade de processos existentes.

Uma característica do projeto gleba legal é que para a realização do mesmo não é necessário fazer-se a medição.

Isso não significa que a mesma não deva ser feita, pois é a medição que garante que a área realmente possui o tamanho certo.

O problema dos imóveis flutuantes

A lei 6.015/73 exigiu que o profissional de registro aceitasse o levantamento topográfico somente mediante a apresentação de planta, memorial descritivo e ART.

O problema é que se pegarmos uma área que foi parcelada várias vezes, gerando diversos registros, o desmembramento de um destes registros com a geração da planta da área desmembrada gera um desmembramento flutuante.

Ou seja, um desmembramento onde que não se sabe em que posição a área desmembrada está dentro do imóvel original.

Isso traz sérios problemas principalmente para o profissional de registro, pois tornasse difícil para o mesmo identificar qual a posição deste imóvel em relação ao imóvel original e aos outros imóveis desmembrados da área mãe.

Este problema foi resolvido pela lei do parcelamento do solo urbano, que passou a exigir uma planta extra localizando o imóvel desmembrado dentro do imóvel original.

Por isso que conforme vimos anteriormente, se faz necessário a produção de 2 plantas.

Perceba que com este procedimento, o profissional de registro saberá exatamente a qual parte o imóvel original a fração de terras desmembrada pertencia.

DESMEMBRAMENTO DE IMÓVEIS URBANOS

No terceiro capítulo do livro eu trouxe uma série de conceitos inerentes ao parcelamento do solo, abordando inclusive temas referentes ao desmembramento de imóveis urbanos.

Aqui o que nós faremos é dar o próximo passo, sendo que com a leitura deste capítulo você entenderá:

- Como fazer o desmembramento de imóveis urbanos;
- Quais os documentos necessários para o desmembramento urbano;
- Quais as vantagens do desmembramento de lote urbano;
- Quais os cuidados que você precisa ter ao fazer o mesmo;

- Quando o desmembramento do imóvel é necessário;
- Quais as 7 etapas do desmembramento de imóveis urbanos;
- O que é e uma planta de lote;
- Quais são as plantas exigidas no desmembramento urbano;
- Entre outros temas.

Tome este cuidado ao fazer o desmembramento de imóveis urbanos

Conforme você viu nos capítulos anteriores, o parcelamento do solo urbano não está sujeito ao INCRA, como é o caso o parcelamento do solo rural, mas sim a legislação municipal.

Isso acontece porque diferentemente do que a maioria das pessoas pensam, não existe uma hierarquia de leis.

Ou seja, não existem leis feitas pela união, leis feitas pelo estado e leis feitas pelo município.

O que existe são leis que, haja vista suas especificidades, devem ser elaboradas por um destes órgãos.

Desta maneira, se pegarmos um tema de interesse nacional como, por exemplo, a educação, torna-se mais interessante a existência de uma lei que seja aplicável a todo o País.

Por outro lado, conforme informei anteriormente, cada cidade possui uma topografia única.

Lembrando também que o uso do solo urbano varia de uma cidade para a outra.

Existem cidades cuja renda é gerada principalmente pelo comércio, outras nas quais a renda é gerada principalmente pela indústria e, ainda, cidades com uma boa participação do turismo em sua renda.

Perceba que devido a estas especificidades, não tem como a união definir como será o zoneamento do solo urbano municipal.

É o município que através de lei própria, deve definir, por exemplo, que:

- O local A é de uso do comércio;
- O local B é de uso domiciliar;
- O local C é de uso industrial;
- O local D é uma zona de interesse social;
- O local E é de uso turístico.

Isso deve ser levado em consideração no parcelamento do solo urbano.

Por isso que em seu artigo 2º, a lei do parcelamento do solo informa que:

"*O parcelamento do solo urbano poderá ser feito mediante loteamento ou desmembramento, observadas as disposições desta Lei e as das legislações estaduais e municipais pertinentes.* "

Ou seja, devido as especificidades que cada cidade pode possuir, é impossível a existência de uma lei nacional que sozinha defina como o parcelamento do solo urbano deve ser.

Por isso que além de leis nacionais que abordam o parcelamento do solo urbano de uma maneira mais geral, temos também leis estaduais e leis municipais.

Como fazer o desmembramento de imóveis urbanos

O desmembramento de imóveis urbanos exige procedimentos junto à prefeitura e junto ao registro de imóveis.

Conforme informei anteriormente, para ter seu desmembramento aceito, um imóvel urbano deve respeitar:

- O comprimento mínimo e máximo de frente e;
- A fração mínima de parcelamento.

Valores estes que podem variar dependendo da lei de zoneamento de cada cidade.

Ou seja, sempre consulte a legislação municipal.

Quais os documentos necessários para o desmembramento urbano

Existem 5 documentos que são necessários para desmembramento urbano. São eles:

- Requerimento com firma reconhecida assinado pelo proprietário do imóvel ou procurador, solicitando a averbação do desmembramento, bem como abertura de matrículas individuais para os imóveis originados do desmembramento;
- Memorial descritivo com aprovação da Prefeitura.
- Planta aprovado pela Prefeitura.
- ART ou RRT.

- Certidão de aprovação do desmembramento emitida pela Prefeitura.

Vantagens do desmembramento de lote urbano

O desmembramento de lote urbano traz grandes vantagens para o proprietário ou construtora e também para a comunidade como um todo.

Por exemplo, são poucas as famílias que possuem o capital necessário para a compra de um terreno grande, de certa maneira que o desmembramento urbano facilita o acesso a moradia.

A vantagem que o empreendedor tem ao fazer o desmembramento de terreno é que o preço dos terrenos oriundos será menor do que o preço do terreno mãe.

Com isso, os terrenos terão um número maior de potenciais compradores, o que facilitará a venda dos mesmos.

Além disso, como o número de potenciais compradores de um terreno grande é menor, o empreendedor precisará minimizar sua margem de lucro, diferentemente do que acontece na venda de terrenos menores, onde o empreendedor consegue obter uma maior margem de lucro.

Outras vantagens que seu cliente terá ao fazer o desmembramento de lote urbano

Algumas outras vantagens que seu cliente terá ao fazer o desmembramento de lote urbano são:

- O mesmo poderá alugar o terreno resultante do desmembramento, lucrando com o mesmo;
- Ao ter um terreno menor, o valor do IPTU será menor;
- Seu cliente poderá utilizar o desmembramento como uma maneira de regularizar construções existentes nos fundos do terreno e;
- Os filhos ou demais parentes do mesmo poderão morar perto dele em um imóvel próprio.

Vantagens para a comunidade como um todo

O desmembramento urbano também traz uma série de vantagens para a comunidade como um todo.

Primeiramente, porque mais pessoas conseguirão ser donas do seu próprio imóvel, livrando-se do aluguel.

O desmembramento urbano também cria espaços, os quais poderão ser ocupados por diversos tipos de construções.

Como exemplos temos:

- Pequenos prédios;
- Residências e;
- Salas comerciais.

Este maior número de espaços urbanos gera negócios e benefícios para os munícipes e para a comunidade como um todo, garantindo que a cidade seja um lugar melhor para se viver.

Não cometa este erro ao fazer o desmembramento de imóveis urbanos

Um erro que muitas pessoas cometem é querer fazer o desmembramento de um imóvel urbano, quando devem fazer o loteamento da mesma.

E qual a diferença?

Conforme você viu no capítulo anterior, o loteamento de um imóvel é um procedimento bem mais complexo, precisando de um projeto de loteamento e também da construção de uma série de equipamentos urbanos.

O desmembramento por outro lado é a simples divisão de uma gleba em 2 ou mais lotes.

Ou seja, se o que você quer é dividir um imóvel grande em uma série de imóveis menores, provavelmente terá que fazer um loteamento e não um desmembramento.

Consequentemente, você precisará de um projeto de loteamento e também da construção de uma série de equipamentos urbanos.

Quais os cuidados que você precisa ter ao fazer o desmembramento de lote urbano

Sempre que você fizer o desmembramento de um imóvel situado em um município do qual você nunca desmembrou um terreno antes, precisará se informar a respeito da legislação municipal.

Se informe a respeito:

- Dos comprimentos mínimo e máximo de frente permitidos;
- Da fração mínima de parcelamento que o imóvel deve ter.

Lembrando que estes valores podem variar dependendo da lei de zoneamento urbano de cada município.

Por exemplo, alguns municípios costumam ser menos restritivos em áreas de zoneamento misto e mais restritivos em áreas de zoneamento residencial, tendo diferentes valores para a fração mínima de parcelamento e para o comprimento da testada do lote.

Ou seja, é essencial que você vá até o órgão municipal se informar.

Leia atentamente a lei de diretrizes urbanas ou o plano diretor do município, cuidando:

- Qual o tamanho que os lotes podem ter;
- Qual o tamanho de frente mínimo e máximo permitidos;
- Qual a ordem em que os procedimentos devem ser realizados;
- Quais as taxas e serviços obrigatórios no processo;
- Quais os prazos de aprovação do pedido.

Quando o desmembramento do imóvel é necessário

Existem 2 situações distintas nas quais o desmembramento do imóvel é necessário.

A primeira é quando o imóvel, ao ser vendido, precisa ser desmembrado.

A segunda é quando o imóvel, por fazer parte de um espolio ou porque foi comprado e não foi desmembrado, consta como um registro em uma matrícula mãe.

As 7 etapas do desmembramento de imóveis urbanos

O desmembramento de um imóvel urbano pode ser dividido em 7 etapas.

Etapa 1 – Reunião com o cliente e planejamento para a ida a campo

Nesta etapa, você primeiramente, na reunião com o cliente, pedirá a matrícula para o mesmo, pois o que lhe interessa é a realidade jurídica e não a realidade física.

Ou seja, para ser desmembrado, o imóvel precisa estar cadastrado junto ao registro de imóveis, possuindo matrícula.

Caso o imóvel não possua matrícula, o mesmo precisará primeiramente ser regularizado, o que pode ser feito via usucapião extrajudicial.

Etapa 2 – Verificação da legislação municipal

Conforme informei anteriormente, para ter o desmembramento de imóvel urbano aceito, um imóvel urbano deve respeitar:

- O comprimento mínimo e máximo de frente e (20 m e 150 m, por exemplo);
- A fração mínima de parcelamento (por exemplo, 1.000 m²).

Etapa 3 – medição da área a campo

Uma vez que você tenha acertado todos os detalhes com o cliente, precisará ir a campo e fazer a medição da área da propriedade mãe.

Caso o imóvel situe-se distante da sede da empresa, você pode levar seu notebook de campo junto e fazer a divisão de área, aproveitando a ida a campo para locar os pontos da divisão de área, materializando os mesmos com marcos topográficos.

Etapa 4 – Produção das plantas, do memorial descritivo e da ART

Nesta etapa, você produzirá 2 plantas, uma situando o lote a ser desmembrado dentro da área da matrícula mãe e outra da área a ser desmembrada.

Produzirá também o memorial descritivo e emitirá a ART.

Etapa 5 – Protocolação junto a prefeitura

Nesta etapa, você procederá junto a prefeitura, normalmente, junto a secretaria de planejamento.

Caso a solicitação de desmembramento esteja dentro da legislação vigente, o respectivo órgão da prefeitura emitirá o alvará.

Alvará este que você precisará apresentar para o profissional de registro.

A solicitação de desmembramento não será aceita somente se:

- A área a ser desmembrada for inferior a fração mínima de desmembramento ou;

- O comprimento da testada (frente do imóvel) for inferior ao permitido pela legislação municipal.

Naturalmente, se for necessária a construção de acessos ou enfim, se não for uma simples divisão de um lote em 2 ou mais lotes, provavelmente a solicitação de desmembramento não será aceita.

Isso porque nestes casos, trata-se de um loteamento e não de um desmembramento.

Conforme informei anteriormente, desmembramento é a simples divisão de um lote em 2 ou mais lotes.

Qualquer situação que fuja a esta regra será um loteamento.

Etapa 6 – Procedimento junto ao registro de imóveis

Nesta etapa, você levará o documental (plantas, memorial descritivo, alvará emitido pela prefeitura, ART e demais documentação necessária) até o registro de imóveis, dando entrada na solicitação do processo de desmembramento.

Importante: se informe junto ao profissional de registro sobre quais documentos são necessários.

Cada município possui suas especificidades cadastrais, sendo que o profissional de registro possui liberdade para solicitar tantos documentos quantos achar necessário.

Desta maneira, o documental pode variar de um tabelionato de registro de imóveis para outro.

Etapa 7 – Procedimentos do oficial de registro

O profissional de Registro fará uma análise do documental existente no registro de imóveis a respeito:

- Do imóvel mãe e;
- Dos imóveis lindeiros.

Isso porque o mesmo precisa ter certeza que o imóvel não está se adonando de uma área pertencente a um dos lotes lindeiros.

Caso esteja tudo ok, o profissional de registro irá proceder a averbação da subdivisão, encerrando da matrícula originária e abrindo as novas matrículas dos imóveis desmembrados.

O que é e uma planta de lote?

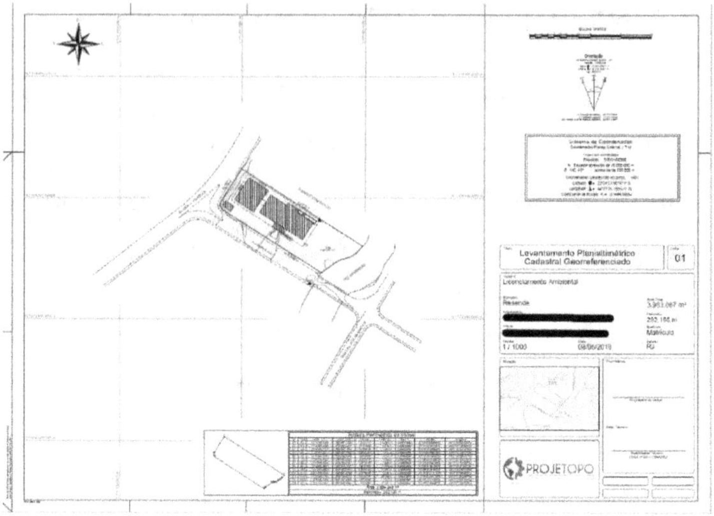

Fonte da imagem: https://fotos.habitissimo.com.br/foto/planta-topografica_1903199

Uma planta de lote é a peça técnica resultante do levantamento topográfico do terreno.

A mesma deve possuir:

- A descrição do perímetro do terreno com suas respectivas distâncias e mudanças de ângulo;
- A área do terreno;
- Os confrontantes e suas respectivas localizações.

No caso, uma planta para o desmembramento de imóvel urbano deve possuir uma escala grande, que segundo a NBR 13.133, deve ser superior a 1:10.000.

Lembrando que eu já abordei esta temática anteriormente, sendo que como exemplos de escalas normalmente utilizadas na representação de lotes urbanos temos:

- 1:250;
- 1:500;
- 1:750 e;
- 1:1.000;

A grande função de uma planta de lote é passar uma série de informações de suma importância para o histórico da propriedade imobiliária, sendo a mesma, juntamente com o memorial descritivo e a ART (ou RRT, no caso dos técnicos), as peças técnicas exigidas pelo profissional de registro.

Com isso, a planta e o memorial descritivo se complementam, pois enquanto o memorial descritivo descreve o imóvel e seus confrontantes em forma de texto, a planta fornece uma vista superior do lote, o que facilita o processo de interpretação e compreensão.

Quais são as plantas exigidas no desmembramento urbano

A partir do advento da lei do parcelamento do solo urbano, os profissionais de registro passaram a exigir 2 plantas:

- Uma primeira planta situando a área a ser desmembrada dentro da área mãe;
- Uma segunda planta da área a ser desmembrada.

Veja na imagem abaixo um exemplo com uma planta para o desmembramento de imóvel rural para um processo de sucessão.

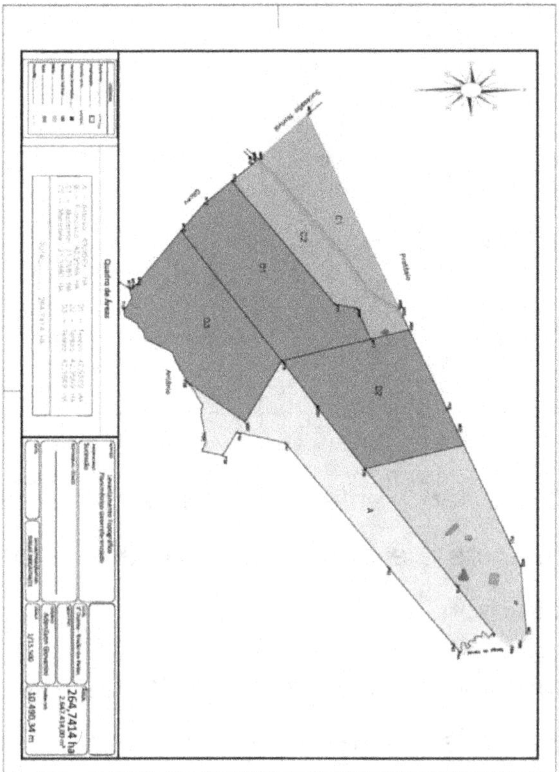

Já a segunda planta é uma planta da área a ser desmembrada.

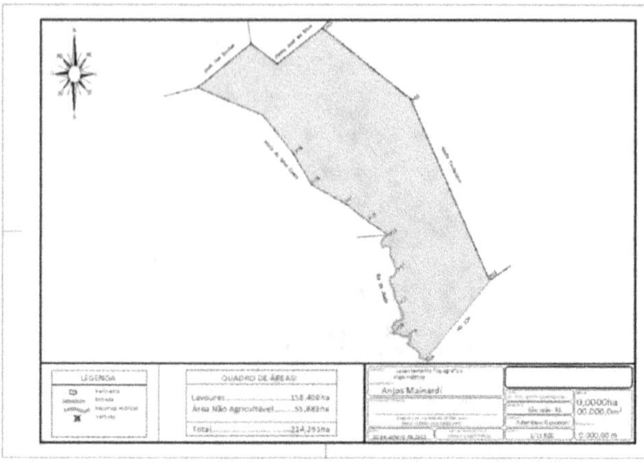

Neste caso, são plantas de imóveis rurais, porém, a estrutura das plantas é a mesma para o desmembramento de imóveis urbanos.

No caso eu já vi inclusive as 2 plantas estarem em uma mesma prancha, onde que o profissional pegou um layout A3 e dividiu no meio, colocando ambas as plantas no mesmo.

Naturalmente, não fica tão bem apresentável. O melhor é produzir 2 plantas.

Modelos de documentos para o desmembramento de imóvel urbano

Modelo de memorial descritivo

O memorial descritivo para desmembramento de terreno é um dos tipos de memoriais descritivos mais simples que existentes.

Veja na imagem abaixo um modelo deste tipo de memorial descritivo.

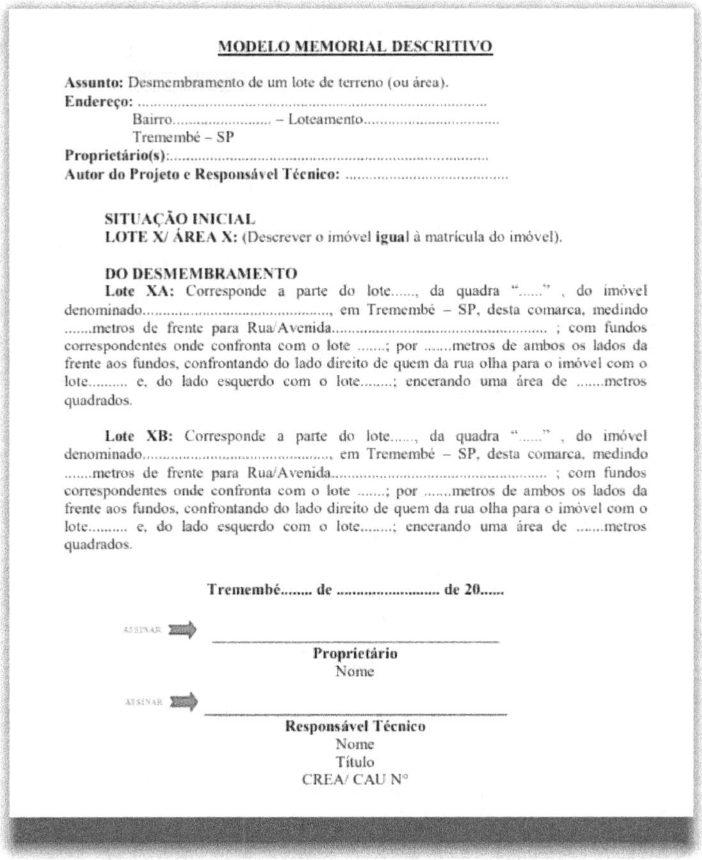

MODELO MEMORIAL DESCRITIVO

Assunto: Desmembramento de um lote de terreno (ou área).
Endereço: ....
Bairro........................ – Loteamento.................................
Tremembé – SP
Proprietário(s):...
Autor do Projeto e Responsável Técnico: ....

SITUAÇÃO INICIAL
LOTE X/ ÁREA X: (Descrever o imóvel **igual** à matrícula do imóvel).

DO DESMEMBRAMENTO
Lote XA: Corresponde a parte do lote......, da quadra "......" , do imóvel denominado..., em Tremembé – SP, desta comarca, medindo ....metros de frente para Rua/Avenida.. ; com fundos correspondentes onde confronta com o lote ....; por ....metros de ambos os lados da frente aos fundos, confrontando do lado direito de quem da rua olha para o imóvel com o lote.......... e, do lado esquerdo com o lote........; encerando uma área de ....metros quadrados.

Lote XB: Corresponde a parte do lote......, da quadra "......" , do imóvel denominado..., em Tremembé – SP, desta comarca, medindo ....metros de frente para Rua/Avenida.. ; com fundos correspondentes onde confronta com o lote ....; por ....metros de ambos os lados da frente aos fundos, confrontando do lado direito de quem da rua olha para o imóvel com o lote.......... e, do lado esquerdo com o lote........; encerando uma área de ....metros quadrados.

Tremembé........ de .... de 20......

ASSINAR ➡ ________________________________
Proprietário
Nome

ASSINAR ➡ ________________________________
Responsável Técnico
Nome
Título
CREA/ CAU N°

Fonte: https://tremembe.sp.gov.br/wp-content/uploads/2013/10/Modelo-de-Memorial-Descritivo-para-Desmembramento.pdf

Modelo de requerimento para o desmembramento de imóveis urbanos

Veja na imagem abaixo um modelo de requerimento para o desmembramento de um imóvel urbano.

SENHOR OFICIAL DO REGISTRO DE IMÓVEIS DA COMARCA DE SORRISO-MT.

________________________ e ________________________ nacionalidade: ____________ e ____________, profissão: ____________ e ____________, casados pelo regime de ____________________, em ____________ (data do casamento), portadores do RG n.ºs ____________ e ____________ e do CPF n.ºs ____________ e ____________, residentes na: ________________________________, requer a Vossa Senhoria, se digne, proceder o **DESMEMBRAMENTO** do imóvel urbano com área de ________ m², da matrícula n.º ________ do Lº 02 deste Registro Geral de Imóveis, nos seguintes: lote n.º ________, com ________ m², lote n.º ________, com ________ m², conforme mapa e memorial descritivo anexo, nos termos do art. 167, II, 4 da Lei 6.015 de 31.12.1973.

Declaro para os efeitos do art. 243 da Consolidação das Normas Gerais da Corregedoria - Geral da Justiça relativas ao Foro Extrajudicial - CNGCE - 3ª Edição que o imóvel objeto deste desmembramento tem o valor de R$ ________________________.

Nestes termos,
P. Deferimento.

Sorriso - MT., ____ de __________ de ______.

____
Proprietário (a)
(Reconhecimento de firma)

Anexar:

1. Mapa e Memorial Descritivo - Aprovados pela Prefeitura (art. 176, § 3º da Lei 6.015/73);
2. ART/CREA;
3. Cadastro Municipal (art. 176, § 1º, II, 3, b, da Lei 6.015/73);
4. Certidão emitida pela Prefeitura Municipal, constando o valor tributário do imóvel, estabelecido no último lançamento, para efeito de cobrança de imposto sobre a propriedade predial e territorial urbana (art. 185, II da Consolidação das Normas Gerais da Corregedoria - Geral da Justiça relativas ao Foro Extrajudicial - CNGCE - 3ª Edição).

Fonte: http://www.srisorriso.com.br/conteudo/71

Lembrando que os documentos podem variar ligeiramente de um cartório para outro.

Ou seja, sempre é interessante ir até o registro de imóveis e pedir um chacklist e também, se possível, modelos dos documentos necessários.

DESMEMBRAMENTO DE IMÓVEIS RURAIS

Agora que você aprendeu exatamente o que é e como proceder no desmembramento de imóveis urbanos, chegou a hora de dominar o desmembramento de imóveis rurais.

Com a leitura desta seção do livro você aprenderá:

- O que é o desmembramento de imóveis rurais;
- Quais os órgãos envolvidos no mesmo;
- Quais as 6 etapas do desmembramento de um terreno rural;
- Quais são as plantas que você precisará produzir;
- E muito mais.

Os diferentes tipos de desmembramento de imóveis rurais existentes

Dê uma espiada no mapa mental abaixo.

Perceba que o desmembramento de imóveis rurais pode ser dividido em desmembramento de imóveis rurais georreferenciados e desmembramento de imóveis rurais pela topografia clássica.

Perceba também que o mesmo pode seguir a via extrajudicial ou a via judicial.

Vamos estudar cada um destes diferentes tipos de desmembramento de imóveis rurais existentes.

DESMEMBRAMENTO DE IMÓVEIS RURAIS NÃO GEORREFERENCIADOS

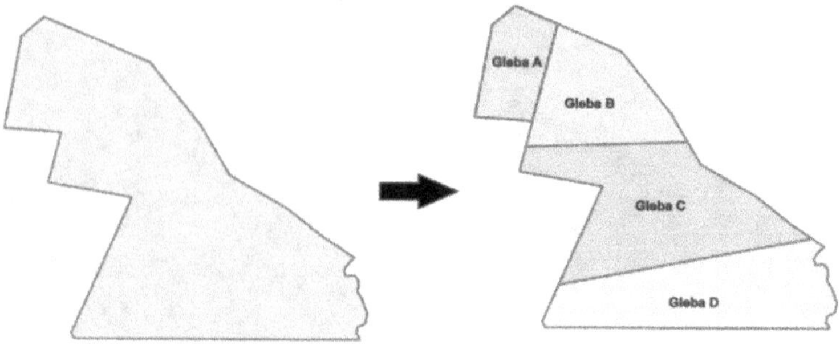

Etapas do desmembramento de terreno rural

O desmembramento de imóveis rurais pela topografia clássica pode ser dividido em 6 etapas.

Etapa 1 – Reunião com o cliente

Nesta etapa, você deve se informar a respeito do imóvel rural, fazendo uma série de perguntas para seu cliente.

Na realidade, assim que seu cliente disser sim para seu orçamento, a primeira coisa que você deve fazer é pedir uma cópia atualizada da matrícula.

Isso porque conforme vimos nos capítulos anteriores, o que interessa para você é a realidade jurídica e não a realidade física.

Na matrícula constam as informações que interessam para você, como, por exemplo:

- A área do imóvel mãe e;
- As confrontações do mesmo.

Etapa 2 – Planejamento para a ida a campo

Nesta etapa, você fará um planejamento detalhado para a ida a campo, conhecendo a propriedade e suas especificidades.

Também planejará o que precisará levar a campo.

Uma dica importante é você preparar um chacklist com os equipamentos que precisam ser levados a campo.

Eu digo isso porque são tantas coisas que precisam ser levadas a campo, que é normal acabarmos esquecendo de alguma coisa.

Com isso, você imprimirá o chacklist, colocando o mesmo em uma prancheta e enquanto carrega os instrumentos e equipamentos topográficos na caminhoneta irá preenchendo os chackboxs do chacklist.

Este simples procedimento evitará que você se esqueça de levar algum equipamento ou material a campo.

Etapa 3 – Levantamento dos dados a campo

Nesta etapa, você fará o levantamento dos dados do perímetro da propriedade mãe.

Os equipamentos normalmente utilizados são estações totais ou receptores GNSS.

Etapa 4 – Tratamento dos dados e produção das plantas e das peças técnicas

Nesta etapa, você produzirá o memorial descritivo, a ART e fará a divisão de área, sendo que assim como no parcelamento do solo urbano, você precisará produzir 2 plantas.

A primeira planta deve situar a área a ser desmembrada dentro da área total.

Veja novamente um exemplo de uma planta para o desmembramento de imóvel rural. No caso para um processo de sucessão.

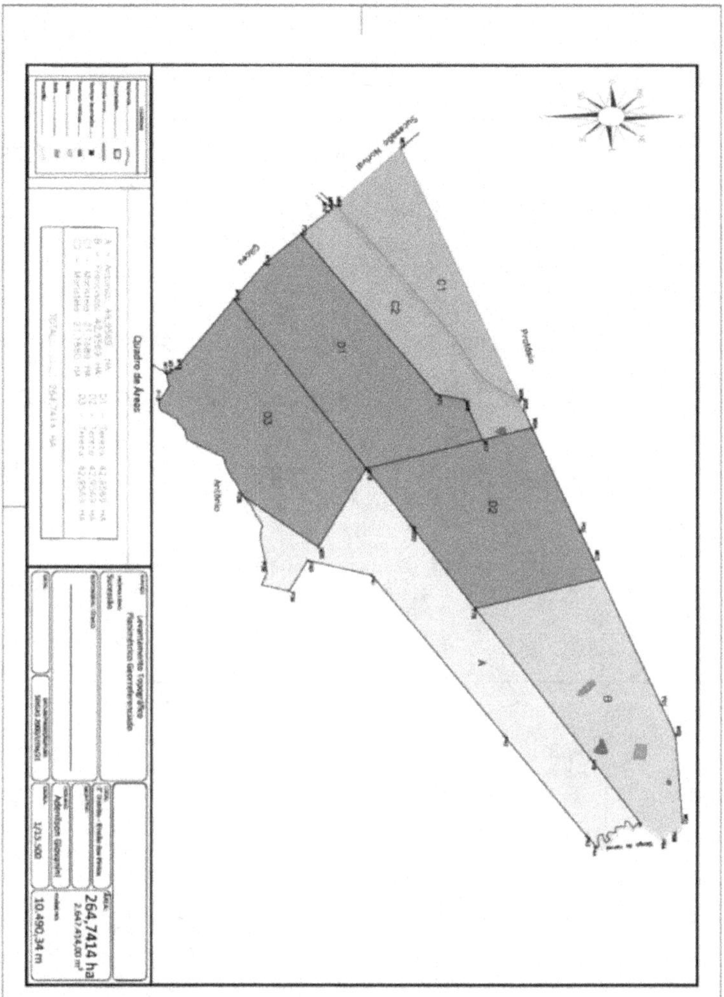

Resolvi trazer esta planta para que você saiba que no caso especifico de um processo de sucessão pode produzir uma única planta da área mãe, situando as glebas resultantes do desmembramento.

Posteriormente produzir uma planta especifica para cada uma das glebas que serão desmembradas.

Com isso, em cada processo de desmembramento, você apresentará a planta geral e a planta especifica daquela gleba.

Perceba que o mesmo procedimento pode ser adotado para o registro dos lotes de um loteamento.

Já a segunda planta é uma planta da área a ser desmembrada.

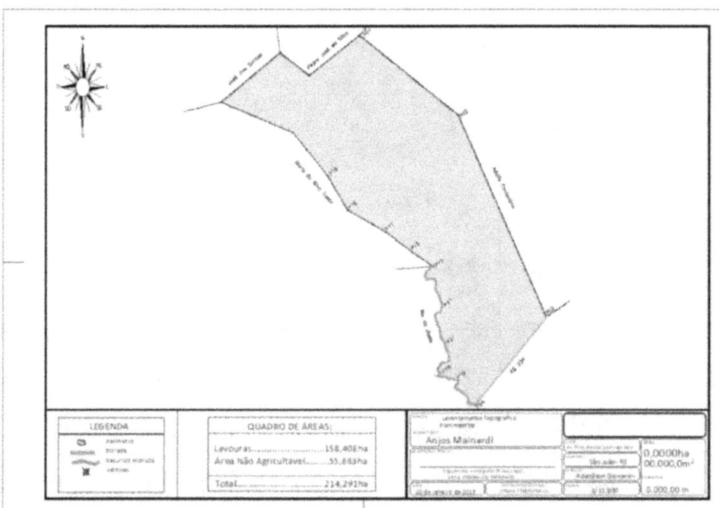

Etapa 5 – Locação dos marcos nos novos vértices

Uma vez que você tenha feito a divisão da área, precisará locar marcos topográficos nos novos vértices criados.

Na realidade, os profissionais costumam levar um notebook de campo quando vão fazer o rastreamento dos dados do perímetro da propriedade.

Com isso, após o levantamento dos dados do perímetro da propriedade mãe, os mesmos descarregam os dados para o notebook de campo.

Em seguida, fazem a divisão de área, importam os dados novamente para o receptor GNSS e fazem a locação dos marcos para a divisão de área.

Com isso, não precisam ir 2 vezes a campo.

Etapa 6 – Procedimento junto ao registro de imóveis

Uma vez que tenha produzido as plantas, o memorial descritivo e emitido a ART, você precisará proceder junto ao registro de imóveis.

Se estiver tudo ok, o profissional de registro extinguirá a matrícula antiga, produzindo novas matrículas para os imóveis resultantes do desmembramento.

Modelos de peças técnicas para o desmembramento de imóveis rurais pela topografia clássica

Seguem alguns modelos de peças técnicas.

Modelo de memorial descritivo para o desmembramento de imóveis rurais pela topografia clássica

Na imagem abaixo você pode ver um modelo de memorial descritivo para o desmembramento de imóveis rurais pela topografia clássica.

MEMORIAL DESCRITIVO
RPPN Sítio Recanto Saudoso

Imóvel: Sítio Recanto Saudoso (Est. RJ-130, km 5,Córrego D'antas)
Proprietário: RNM Participações Societárias S.A.
Município: Nova Friburgo Distrito: 1° sede U.F.: RJ
Código IPTU: PMNF 05102.05569.000-1
Área: 2,75 hectares
Sistema de Coordenadas: UTM
Datum: SAD 69 Meridiano Central: 45° EGR

Inicia-se a descrição deste perímetro no ponto P01 (N 7535367.387 / E 750975.886) situado na margem do córrego em direção ao ponto P02 confrontando com Lote 23 Hotel Recanto Belo Vale com distância de 135.369 m e azimute de 253° 40' 03.2", segue do ponto P02 (N 7535329.32 / E 750845.98) em direção ao ponto P03 confrontando com APP da propriedade com distância de 22.866 m e azimute de 337° 31' 46.2", segue do ponto P03 (N 7535350.45 / E 750837.24) em direção ao ponto P04 confrontando com APP da propriedade com distância de 16.158 m e azimute de 338° 39' 34.3", segue do ponto P04 (N 7535365.5 / E 750831.36) em direção ao ponto P05 confrontando com APP da propriedade com distância de 7.277 m e azimute de 312° 19' 35.9", segue do ponto P05 (N 7535370.4 / E 750825.98) em direção ao ponto P06 confrontando com APP da propriedade com distância de 11.787 m e azimute de 246° 01' 21.7", segue do ponto P06 (N 7535365.61 / E 750815.21) em direção ao ponto P07 confrontando com APP da propriedade com distância de 7.205 m e azimute de 189° 00' 45.6", segue do ponto P07 (N 7535358.494 / E 750814.081) em direção ao ponto P08 confrontando com APP da propriedade com distância de 9.832 m e azimute de 276° 38' 24.5", segue do ponto P08 (N 7535359.631 / E 750804.315) em direção ao ponto P09 confrontando com APP da propriedade com distância de 7.974 m e azimute de 320° 02' 52.5", segue do ponto P09 (N 7535365.744 / E 750799.195) em direção ao ponto P10 confrontando com APP da propriedade com distância de 11.464 m e azimute de 332° 03' 46.3", segue do ponto P10 (N 7535375.872 / E 750793.824) em direção ao ponto P11 confrontando com APP da propriedade com distância de 23.767 m e azimute de 324° 44' 13.2", segue do ponto P11 (N 7535395.278 / E 750780.102) em direção ao ponto P12 confrontando com APP da propriedade com distância de 23.129 m e azimute de 293° 03' 47.1", segue do ponto P12 (N 7535404.339 / E 750758.822)

Jose Augusto Steinbruck
Eng. Agrimensor Eng. Agrônomo
zeasteinbruck @ yahoo.com.br

Perceba que o mesmo se baseia na utilização de azimutes e distâncias.

Ao invés, também poderia utilizar rumos e distâncias.

Modelo de requerimento para o desmembramento de imóveis rurais pela topografia clássica

Veja na imagem abaixo um modelo de requerimento para o desmembramento de imóveis rurais pela topografia clássica.

SENHOR OFICIAL DO REGISTRO DE IMÓVEIS DA COMARCA DE SORRISO-MT.

_____________________________ e _____________________________ nacionalidade: _________________ e _________________, profissão: _________________ e _________________, casados pelo regime de _____________________________, em _________________ (data do casamento), portadores do RG n.°s _________________ e _________________ e do CPF n.°s _________________ e _________________, residentes na:____, requerer a Vossa Senhoria, se digne, proceder o **DESMEMBRAMENTO** do imóvel rural com área de ___________ ha, da matrícula n.° ___________ do Livro 02 – Registro Geral, denominado _____________________ com _________ ha e _____________________ com ________ ha, conforme mapa e memorial descritivo anexo, nos termos do art. 167, II, 4 da Lei 6.015 de 31.12.1973.

Declaro para os efeitos do art. 243 da Consolidação das Normas Gerais da Corregedoria - Geral da Justiça relativas ao Foro Extrajudicial - CNGCE - 3ª Edição que o imóvel objeto do desmembramento tem o valor de R$ _________________________________.

Nestes termos,
P. Deferimento.

Sorriso - MT, ______ de _______________ de ________.

____
Assinatura
(Reconhecimento de firma)

Anexar:

1. Certificado de Cadastro de Imóvel Rural - CCIR/INCRA (art. 22 da Lei 4.947 de 06.04.66);
2. Imposto Territorial Rural - ITR, quitado, dos últimos 05 (cinco) exercícios acompanhados dos Recibos de Entrega ou Certidão de Regularidade Fiscal de Imóvel Rural, expedida pela Secretaria da Receita Federal (art. 21 da Lei 9.393 de 19.12.96);
3. Declaração do ITR - Último Exercício (art. 1°, I, b do Provimento n° 14/2009 - CGJ de 12.02.2009);
4. Mapa e Memorial Descritivo (art. 176, § 3° da Lei 6.015/73);
5. ART/CREA;
6. Se a área for igual ou superior a 100,00 ha, georreferenciamento certificado pelo INCRA e demais exigências do Decreto 4.449/2002 com a redação do Decreto 5.570/2005, alterado pelo Decreto 7.620/2011;
7. Será exigida a certificação do memorial descritivo georreferenciado para a prática de atos de desmembramento e remembramento de imóveis ainda que já tenham sido certificados pelo INCRA, e mesmo que a área mãe tenha sido certificada e a área desmembrada não ultrapasse o limite dos prazos fixados no artigo 10 do Decreto n° 4.449/02, nos termos do art. 1.624 da Consolidação das Normas Gerais da Corregedoria - Geral da Justiça relativas ao Foro Extrajudicial - CNGCE - 3ª Edição.

Fonte: http://www.srisorriso.com.br/conteudo/71

Perceba que no rodapé do modelo de requerimento o tabelionato de registros de Sorriso/ MT, aproveitou para informar os demais documentos necessários.

DESMEMBRAMENTO DE IMÓVEIS RURAIS GEORREFERENCIADOS

Agora que você aprendeu como proceder no desmembramento de imóveis rurais levantados pela topografia clássica, vamos entender como proceder no desmembramento de imóveis rurais georreferenciados.

Exemplo prático de desmembramento de imóvel rural

Eu estava conversando com o Elissandro, aluno do método Georreferenciamento Sem Mistérios e o mesmo me fez a seguinte pergunta:

"Adenilson, eu possuo uma área de 300 hectares que preciso georreferenciar. A mesma faz parte de um inventário onde que a dona Sonia, que é a viúva do finado Osmar ficou com 150 hectares e a Angelica que é a filha dele ficou com os outros 150 hectares. O inventário foi feito

5 anos atrás, sendo que ambas as áreas ficaram registradas na matrícula original.

Eu preciso desmembrar e georreferenciar a área da Angelica, sendo que tanto a área dela, como a da Sonia possuem CCIR. O problema é que ambos os CCIRs estão cadastrados como tendo 300 ha que era o valor da área total. Como que eu devo proceder neste caso? "

Este é um ótimo exemplo de desmembramento de imóveis. O mesmo possibilitará que eu traga vários conceitos para você.

Vamos primeiramente entender bem as características da área para posteriormente entendermos como proceder.

Características da área

Perceba que a área que o Elissandro precisa Georreferenciar passou pelo processo de sucessão aparecendo como um registro *na matrícula original.*

O outro problema é que a mesma está com o CCIR errado, sendo que o mesmo precisa ser retificado.

As dúvidas que o Elissandro possui são:

“Qual o procedimento para fazer o desmembramento do imóvel? ”

E

“Vou conseguir fazer o georreferenciamento mesmo o CCIR estando errado ou devo primeiramente retificar o cadastro junto ao INCRA? “

Como proceder quando a área é um registro em outra matrícula

Perceba que em casos deste tipo, a área de cada registro aparece como estando dentro de uma área maior.

Ou seja, de maneira flutuante, de certa forma que não se sabe em que local a mesma se encontra dentro da matrícula original. Isso caracteriza a existência de um condomínio.

Por outro lado, o Georreferenciamento de Imóveis Rurais parte do princípio de que a área de terras levantada está em uma posição determinada e é respeitada pelos confrontantes sendo possível geoespacializar a mesma.

Perceba que a situação descrita na matrícula é exatamente a oposta à de um processo de Georreferenciamento de Imóveis Rurais.

Em casos como este, existem 2 diferentes visões por parte dos profissionais de registro.

Alguns profissionais aceitam o desmembramento e o georreferenciamento em um único processo.

Já outros profissionais exigem um processo distinto de desmembramento com o posterior processo de georreferenciamento.

Qual destes 2 profissionais está certo?

Simples, os 2!

Isso porque os profissionais de registro devem, acima de tudo, ter segurança no que fazem, até mesmo porque a responsabilidade é grande.

Desta maneira, diante de um imóvel rural, caso o profissional de registro ache interessante que este seja primeiramente desmembrado, pois quer entender melhor a situação jurídica do mesmo.

O mesmo tem todo o direito de pedir que o desmembramento seja feito de maneira separada ao georreferenciamento.

Ou seja, você terá que produzir as 2 plantas, uma situando a área a ser desmembrada dentro da propriedade mãe e a outra da área a ser desmembrada, o memorial descritivo e a ART, fazer o desmembramento e posteriormente proceder o georreferenciamento.

Procedimento para o desmembramento de um imóvel rural

Quanto ao procedimento, conforme eu mostrei anteriormente, atualmente alguns profissionais de registro exigem que o terreno seja primeiramente desmembrado para somente depois ser georreferenciado.

Outros aceitam fazer o desmembramento e o georreferenciamento do imóvel em uma única etapa.

Perceba que diante disso, o nosso amigo Elissandro precisa primeiramente ir conversar com o profissional de registro para ver qual é o procedimento exigido pelo mesmo.

Caso ele precise primeiramente fazer o desmembramento da gleba, terá que emitir 2 ARTs, uma para o desmembramento do imóvel e outra para o georreferenciamento. Do contrário precisará emitir somente 1 ART.

Vamos estudar detalhadamente as 2 hipóteses.

Hipótese 1 – O profissional de registro exige que o imóvel rural seja primeiramente desmembrado

Caso o profissional de registro exija que o imóvel rural seja primeiramente desmembrado, o nosso amigo Elissandro terá que ir a campo, fazer o levantamento da área total e da área a ser desmembrada e posteriormente produzir 2 plantas.

A primeira situando a área a ser desmembrada dentro da área total e a segunda com a área do imóvel a ser desmembrado.

Veja na imagem abaixo um exemplo de projeto do AutoCAD situando a área a ser desmembrada (em cinza) dentro da área total.

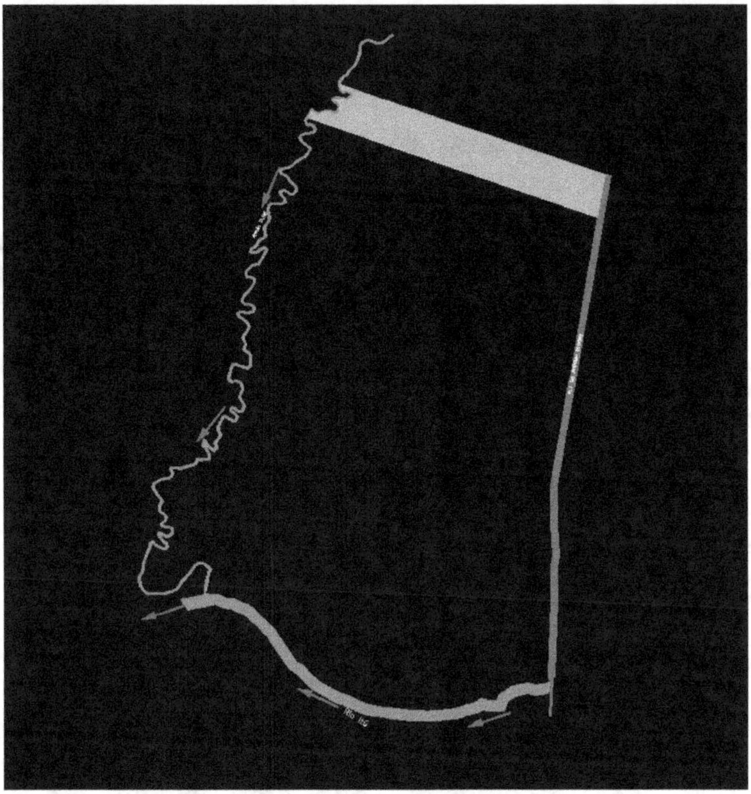

Além disso, o nosso amigo também terá que produzir o memorial descritivo e que emitir a ART.

Perceba que como o mesmo terá que após o desmembramento, fazer o georreferenciamento do imóvel, que deve aproveitar a ida a campo e já levantar os dados no padrão INCRA.

Com isso, ele utilizará os mesmos dados 2 vezes, primeiramente para o desmembramento e posteriormente para o georreferenciamento.

Hipótese 2 – O profissional de registro aceite que o desmembramento e o georreferenciamento sejam feitos em um único processo

Neste caso, o procedimento padrão é a produção de 2 plantas, a primeira situando a área a ser desmembrada dentro da área total e a segunda com a área do imóvel a ser desmembrado.

Estes são os 2 procedimentos padrões junto ao cartório de registro de imóveis:

- Desmembrar-se primeiramente a área e posteriormente encaminhar o processo de georreferenciamento ou;
- Encaminhar o georreferenciamento e o desmembramento em um único processo.

Outro sim, quando o assunto é o procedimento junto ao registro de imóveis, estamos falando de profissionais de registro e de suas interpretações.

Por causa disso, é normal a existência de pequenas diferenças de interpretação entre os mesmos.

Ou seja, sempre é recomendável que quando você for prestar um serviço que tenha que ser registrado em um cartório com o qual você ainda não tenha trabalhado, que vá primeiramente conversar com o profissional de registro.

Desmembramento de terreno – Como resolver o problema do CCIR?

O outro problema existente no processo é que consta no cadastro do imóvel rural que o mesmo possui 300 ha, quando que na realidade ele possui somente 150 ha.

Se olharmos para a legislação, o Art. 2º da Lei 5.868/72, que foi alterado pela Lei 10.267, tornou obrigatória a atualização do cadastro do imóvel rural junto ao INCRA.

Com isso, na etapa de produção das peças técnicas do processo de georreferenciamento, deve-se atualizar o cadastro junto ao INCRA.

Caso isso não ocorra, o agrimensor corre o risco de ter o processo de georreferenciamento travado até que o cadastro do imóvel rural seja atualizado.

A atualização deve atender a nova sistemática publicada nos Diários Oficiais de 14 e 18 de novembro/02 e ser entregue junto com o requerimento de certificação do georreferenciamento.

A boa notícia é que o cadastro junto ao INCRA pode ser atualizado pela internet, por meio da declaração para cadastro rural.

Modelos de memorial descritivo para o desmembramento de imóveis georreferenciados

Veja na imagem abaixo um modelo de memorial descritivo para o desmembramento de um imóvel rural georreferenciado.

Inicia-se a descrição deste perímetro no vértice **XXXXX-M-0328**, de coordenadas **latitude -26°46'18,323"** e **longitude -50°48'24,226"**; situado na divisa com: CNS: xxx | Mat. xxx | xxx; deste, segue confrontando com o referido lindeiro com os seguintes azimutes e distâncias: 187°59' e de 239,68 m até o vértice **XXXXX-M-0329**, de coordenadas **latitude -26°46'26,033"** e **longitude -50°48'25,433"**; 203°38' e de 182,26 m até o vértice **XXXXX-M-0330**, de coordenadas **latitude -26°46'31,457"** e **longitude -50°48'28,078"**; 107°18' e de 425,04 m até o vértice **XXXXX-M-0331**, de coordenadas **latitude -26°46'35,563"** e **longitude -50°48'13,392"**; 130°03' e de 168 m até o vértice **XXXXX-M-0332**, de coordenadas **latitude -26°46'39,075"** e **longitude -50°48'08,738"**; situado na divisa com: CNS: xxx | Mat. xxx | xxx; deste, segue confrontando com o referido lindeiro com os seguintes azimutes e distâncias: 227°06' e de 1648,91 m até o vértice **XXXXX-M-0315**, de coordenadas **latitude -26°47'15,536"** e **longitude -50°48'52,458"**; situado na divisa com: CNS: xxx | Mat. xxx | xxx; deste, segue confrontando com o referido lindeiro com os seguintes azimutes e distâncias: 14°57' e de 32,11 m até o vértice **XXXXX-M-0316**, de coordenadas **latitude -26°47'14,528"** e **longitude -50°48'52,158"**; 282°18' e de 49,29 m até o vértice **XXXXX-M-0317**, de coordenadas **latitude -26°47'14,187"** e **longitude -50°48'53,901"**; 328°33' e de 740,78 m até o vértice **XXXXX-M-0318**, de coordenadas **latitude -26°46'53,655"** e **longitude -50°49'07,885"**; situado na divisa com: CNS: xxx | Mat. xxx | xxx; deste, segue confrontando com o referido lindeiro com os seguintes azimutes e distâncias: 45°24' e de 20,14 m até o vértice **XXXXX-M-0319**, de coordenadas **latitude -26°46'53,195"** e **longitude -50°49'07,366"**; 34°07' e de 83,8 m até o vértice **XXXXX-M-0320**, de coordenadas **latitude -26°46'50,942"** e **longitude -50°49'05,664"**; 48°15' e de 57,63 m até o vértice **XXXXX-M-0321**, de coordenadas **latitude -26°46'49,696"** e **longitude -50°49'04,108"**; 145°10' e de 6,48 m até o vértice **XXXXX-M-0322**, de coordenadas **latitude -26°46'49,868"** e **longitude -50°49'03,974"**; 69°54' e de 145,18 m até o vértice **XXXXX-M-0323**, de coordenadas **latitude -26°46'48,249"** e **longitude -50°48'59,039"**; situado na divisa com: CNS: xxx | Mat. xxx | xxx; deste, segue confrontando com o referido lindeiro com os seguintes azimutes e distâncias: 49°26' e de 408,81 m até o vértice **XXXXX-M-0324**, de coordenadas **latitude -26°46'39,614"** e **longitude -50°48'47,798"**; 13°01' e de 323,78 m até o vértice **XXXXX-M-0325**, de coordenadas **latitude -26°46'29,367"** e **longitude -50°48'45,156"**; situado na divisa com: CNS: xxx | Mat. xxx | xxx; deste, segue confrontando com o referido lindeiro com os seguintes azimutes e distâncias: 13°39' e de 327,49 m até o vértice **XXXXX-M-0326**, de coordenadas **latitude -26°46'19,029"** e **longitude -50°48'42,357"**; situado na divisa com: CNS: xxx | Mat. xxx | xxx; deste, segue confrontando com o referido lindeiro com os seguintes azimutes e distâncias: 82°00' e de 125,01 m até o vértice **XXXXX-M-0327**, de coordenadas **latitude -26°46'18,465"** e **longitude -50°48'37,877"**; 89°20' e de 377,23 m até o vértice **XXXXX-M-0328**, de coordenadas **latitude -26°46'18,323"**e **longitude -50°48'24,226"**; ponto inicial da descrição deste perímetro. Todas as coordenadas aqui descritas foram obtidas a partir do serviço disponibilizado pelo IBGE - Posicionamento por Ponto Preciso e encontram-se referenciadas ao **Meridiano Central -51° WGr**, tendo como datum o **SIRGAS2000**. Todos os azimutes, distâncias, área e perímetro foram calculadas no Sistema Geodésico Local.

Agora olhe para esta parte especifica do memorial descritivo clássico:

Todas as coordenadas aqui descritas foram obtidas a partir do serviço disponibilizado pelo IBGE - Posicionamento por Ponto Preciso e encontram-se referenciadas ao **Meridiano Central -51° WGr**, tendo como datum o **SIRGAS2000**. Todos os azimutes, distâncias, área e perímetro foram calculadas no Sistema Geodésico Local.

Perceba que na mesma consta a descrição do sistema de referência utilizado.

É exatamente esta parte existente no rodapé do memorial descritivo que separa um memorial descritivo clássico de um memorial descritivo utilizado em um processo de georreferenciamento de imóveis rurais.

Lembre-se o modelo clássico de memorial descritivo servia para a descrição de uma gleba ou lote que utilizava de base o plano topográfico.

No caso de um memorial descritivo para o georreferenciamento de imóveis rurais, o mesmo ganhou esta seção extra no final referente ao sistema de referência.

Enfim, entenda que a diferença entre o memorial descritivo clássico e o memorial descritivo clássico com sistema de referência é somente esta parte final da descrição.

E muito mais do que isso, negrito e caixa alta:

"TODO MEMORIAL DESCRITIVO UTILIZADO EM PROCESSOS DE GEORREFERENCIAMENTO DE IMÓVEIS RURAIS DEVE CONTER O SISTEMA DE REFERÊNCIA UTILIZADO. "

Lembrando ainda que as informações que a seção referente ao sistema de referência deve conter são:

- O método de tratamento dos dados utilizado;
- O datum utilizado;
- O azimute e;
- O método de projeção dos dados.

E que o sistema de referência oficial do Brasil é o SIRGAS 2000.

Logo, todos os dados devem estar no mesmo.

Olhe novamente para esta parte especifica do memorial descritivo do exemplo acima:

> Todas as coordenadas aqui descritas foram obtidas a partir do serviço disponibilizado pelo IBGE - Posicionamento por Ponto Preciso e encontram-se referenciadas ao **Meridiano Central -51° WGr**, tendo como datum o **SIRGAS2000**. Todos os azimutes, distâncias, área e perimetro foram calculadas no Sistema Geodésico Local.

Perceba que foi realizado o PPP dos dados, os quais estão no datum SIRGAS 2000, meridiano central -51° WGr e que os dados foram projetados para o sistema geodésico local.

No seu dia a dia, ao produzir memoriais descritivos, pegue e simplesmente transcreva esta passagem fazendo as devidas adequações.

Por exemplo, se você utilizou o ajustamento de dados, os quais foram projetados para a projeção UTM, escreva o seguinte:

"...todas as coordenadas aqui descritas foram obtidas a partir do ajustamento dos dados pelo método dos mínimos quadrados e encontram-se referenciadas ao Meridiano Central -51WGR, tendo como datum o SIRGAS2000. Todos os azimutes, distâncias, área e perímetro foram calculados na Projeção Universal transversa de Mercator (UTM). "

Lembre-se que o meridiano central muda dependendo do local que está sendo mapeando. Que a projeção UTM possui 60 fusos, sendo que cada um dos mesmos possui seu respectivo meridiano central.

Um outro modelo de memorial que pode ser solicitado pelos profissionais de registro é o memorial descritivo tabular.

MINISTÉRIO DO DESENVOLVIMENTO AGRÁRIO
INSTITUTO NACIONAL DE COLONIZAÇÃO E REFORMA AGRÁRIA

MEMORIAL DESCRITIVO

Proprietário: DA[redacted]KEL
Matrícula do imóvel:
Município/UF: C[redacted]RS

Responsável Técnico: [redacted]
Formação: Engenheiro Florestal
Código de credenciamento: [redacted]

Sistema Geodésico de referência: SIRGAS 2000
Área (Sistema Geodésico Local): 11,0918 ha

CPF: [redacted]
Código INCRA/SNCR: [redacted]

CREA: [redacted]RS
A.R.T.: [redacted] RS
Coordenadas: Latitude, longitude e altitude geodésicas
Perímetro (m): [redacted] **Azimutes:** Azimutes geodésicos

DESCRIÇÃO DA PARCELA

VÉRTICE				SEGMENTO VANTE			
Código	Longitude	Latitude	Altitude (m)	Código	Azimute	Dist. (m)	Confrontações
[redacted]	[redacted]	28°05'33,848"	562,934	[redacted]P-0001	23°12'	6,33	CNS: [illegible] | Mat. [illegible] | Sanga sem denominação
[redacted]	[redacted]	28°05'33,661"	561,87	[redacted]P-0002	119°06'	19,61	CNS: [illegible] | Mat. [illegible] | Sanga sem denominação
[redacted]	[redacted]	28°05'34,108"	559,955	[redacted]P-0003	185°36'	6,52	CNS: [illegible] | Mat. [illegible] | Sanga sem denominação
[redacted]	[redacted]	28°05'34,348"	561,413	[redacted]P-0004	131°35'	12,73	CNS: [illegible] | Mat. [illegible] | Sanga sem denominação
[redacted]	[redacted]	28°05'34,562"	564,851	[redacted]P-0005	93°35'	13,5	CNS: [illegible] | Mat. [illegible] | Sanga sem denominação
[redacted]	[redacted]	28°05'34,134"	565,541	[redacted]P-0006	59°11'	7,04	CNS: [illegible] | Mat. [illegible] | Sanga sem denominação
[redacted]	[redacted]	28°05'34,057"	562,826	[redacted]P-0007	158°45'	16,72	CNS: [illegible] | Mat. [illegible] | Sanga sem denominação
[redacted]	[redacted]	28°05'34,598"	561,429	[redacted]P-0008	145°16'	17,88	CNS: [illegible] | Mat. [illegible] | Sanga sem denominação
[redacted]	[redacted]	28°05'35,045"	560,278	[redacted]P-0009	193°11'	13,84	CNS: [illegible] | Mat. [illegible] | Sanga sem denominação
[redacted]	[redacted]	28°05'35,454"	560,944	[redacted]P-0010	92°14'	15,25	CNS: [illegible] | Mat. [illegible] | Sanga sem denominação
[redacted]	[redacted]	28°05'35,429"	563,1	[redacted]P-0011	183°15'	28,01	CNS: [illegible] | Mat. [illegible] | Sanga sem denominação
[redacted]	[redacted]	28°05'36,384"	557,538	[redacted]P-0012	109°32'	15,22	CNS: [illegible] | Mat. [illegible] | Sanga sem denominação
[redacted]	[redacted]	28°05'36,556"	557,115	[redacted]P-0013	182°40'	15,86	CNS: [illegible] | Mat. [illegible] | Sanga sem denominação
[redacted]	[redacted]	28°05'36,757"	555,735	[redacted]P-0014	189°51'	33,04	CNS: [illegible] | Mat. [illegible] | Sanga sem denominação
[redacted]	[redacted]	28°05'37,851"	558,642	[redacted]P-0015	150°50'	25,58	CNS: [illegible] | Mat. [illegible] | Sanga sem denominação
[redacted]	[redacted]	28°05'38,481"	556,11	[redacted]P-0016	110°40'	8,1	CNS: [illegible] | Mat. [illegible] | Sanga sem denominação
[redacted]	[redacted]	28°05'38,574"	561,959	[redacted]P-0017	197°59'	28,56	CNS: [illegible] | Mat. [illegible] | Sanga sem denominação
[redacted]	[redacted]	28°05'39,435"	556,004	[redacted]P-0018	198°18'	17,12	CNS: [illegible] | Mat. [illegible] | Sanga sem denominação
[redacted]	[redacted]	28°05'38,945"	559,536	[redacted]P-0019	157°26'	7,43	CNS: [illegible] | Mat. [illegible] | Sanga sem denominação

Este Memorial Descri[redacted]o automaticamente pelo Sigef com base nas informações transmitidas e assinadas digitalmente pelo Responsável Técnico (Credenciado).

[redacted]	[redacted]	28°05'40,168"	559,195	[redacted]P-0020	213°16'	11,32	CNS: [illegible] | Mat. [illegible] | Sanga sem denominação
[redacted]	[redacted]	28°05'40,475"	558,751	[redacted]P-0021	139°18'	24,23	CNS: [illegible] | Mat. [illegible] | Sanga sem denominação
[redacted]	[redacted]	28°05'41,072"	557,349	[redacted]P-0022	121°58'	2,73	CNS: [illegible] | Mat. [illegible] | Sanga sem denominação
[redacted]	[redacted]	28°05'41,240"	555,117	[redacted]P-0023	155°39'	10,46	CNS: [illegible] | Mat. [illegible] | Sanga sem denominação
[redacted]	[redacted]	28°05'41,049"	554,058	[redacted]P-0024	62°45'	6,01	CNS: [illegible] | Mat. [illegible] | Sanga sem denominação
[redacted]	[redacted]	28°05'41,430"	553,508	[redacted]P-0025	136°59'	12,84	CNS: [illegible] | Mat. [illegible] | Sanga sem denominação
[redacted]	[redacted]	28°05'41,741"	551,853	[redacted]P-0026	139°34'	19,36	CNS: [illegible] | Mat. [illegible] | Sanga sem denominação
[redacted]	[redacted]	28°05'42,140"	553,432	[redacted]P-0027	130°27'	19,52	CNS: [illegible] | Mat. [illegible] | Sanga sem denominação
[redacted]	[redacted]	28°05'42,564"	551,855	[redacted]P-0028	133°51'	15,88	CNS: [illegible] | Mat. [illegible] | Sanga sem denominação
[redacted]	[redacted]	28°05'42,817"	552,391	[redacted]P-0029	118°41'	19,73	CNS: [illegible] | Mat. [illegible] | Sanga sem denominação
[redacted]	[redacted]	28°05'43,219"	553,149	[redacted]P-0030	254°53'	2,61	CNS: [illegible] | Mat. [illegible] | Sanga sem denominação
[redacted]	[redacted]	28°05'43,135"	554,818	[redacted]P-0031	120°27'	13,66	CNS: [illegible] | Mat. [illegible] | Sanga sem denominação
[redacted]	[redacted]	28°05'43,351"	547,829	[redacted]P-0032	66°23'	5,64	CNS: [illegible] | Mat. [illegible] | Sanga sem denominação
[redacted]	[redacted]	28°05'43,192"	554,338	[redacted]P-0033	133°29'	24,26	CNS: [illegible] | Mat. [illegible] | Sanga sem denominação
[redacted]	[redacted]	28°05'43,378"	554,192	[redacted]M-0003	94°23'	4,59	CNS: [illegible] | Mat. [illegible] | Sanga sem denominação
[redacted]	[redacted]	28°05'43,388"	552,461	[redacted]P-0034	172°46'	9,12	Rio [illegible]
[redacted]	[redacted]	28°05'43,683"	560,051	[redacted]P-0035	108°48'	23,63	Rio [illegible]
[redacted]	[redacted]	28°05'43,224"	556,352	[redacted]P-0036	116°48'	20,36	Rio [illegible]
[redacted]	[redacted]	28°05'44,290"	561,886	[redacted]P-0037	160°12'	7,81	Rio [illegible]
[redacted]	[redacted]	28°05'44,529"	559,508	[redacted]P-0038	226°50'	27,27	Rio [illegible]
[redacted]	[redacted]	28°05'45,112"	554,414	[redacted]P-0039	217°52'	36,86	Rio [illegible]
[redacted]	[redacted]	28°05'46,087"	555,078	[redacted]P-0040	189°12'	24,84	Rio [illegible]
[redacted]	[redacted]	28°05'46,334"	553,067	[redacted]P-0041	128°36'	29,92	Rio [illegible]
[redacted]	[redacted]	28°05'47,277"	558,162	[redacted]P-0042	137°34'	25,02	Rio [illegible]
[redacted]	[redacted]	28°05'47,677"	551,367	[redacted]P-0043	196°58'	5,83	Rio [illegible]
[redacted]	[redacted]	28°05'48,292"	556,486	[redacted]P-0044	225°27'	46,23	Rio [illegible]
[redacted]	[redacted]	28°05'49,123"	554,47	[redacted]P-0045	230°41'	30,47	Rio [illegible]
[redacted]	[redacted]	28°05'49,674"	553,602	[redacted]P-0046	245°29'	32,72	Rio [illegible]
[redacted]	[redacted]	28°05'50,117"	549,224	[redacted]P-0047	228°38'	28,25	Rio [illegible]
[redacted]	[redacted]	28°05'50,723"	550,304	[redacted]P-0048	243°47'	18,38	Rio [illegible]
[redacted]	[redacted]	28°05'50,987"	551,39	[redacted]P-0049	245°44'	18,04	Rio [illegible]
[redacted]	[redacted]	28°05'51,224"	551,325	[redacted]P-0050	295°08'	16,03	Rio [illegible]
[redacted]	[redacted]	28°05'51,027"	548,111	[redacted]P-0051	93°04'	3,51	Rio [illegible]
[redacted]	[redacted]	28°05'50,899"	551,186	[redacted]P-0052	23°33'	5,6	Rio [illegible]
[redacted]	[redacted]	28°05'50,753"	552,866	[redacted]P-0053	14°02'	21,87	Rio [illegible]
[redacted]	[redacted]	28°05'50,087"	556,182	[redacted]P-0054	96°27'	19,59	Rio [illegible]
[redacted]	[redacted]	28°05'49,435"	551,386	[redacted]P-0055	354°01'	16,54	Rio [illegible]
[redacted]	[redacted]	28°05'48,801"	553,02	[redacted]P-0056	320°37'	18,61	Rio [illegible]
[redacted]	[redacted]	28°05'48,474"	552,409	[redacted]P-0057	270°49'	15,43	Rio [illegible]
[redacted]	[redacted]	28°05'48,411"	550,96	[redacted]P-0058	298°34'	11,52	Rio [illegible]
[redacted]	[redacted]	28°05'48,560"	551,698	[redacted]P-0059	250°43'	9,03	Rio [illegible]
[redacted]	[redacted]	28°05'48,782"	550,577	[redacted]P-0060	221°08'	25,18	Rio [illegible]
[redacted]	[redacted]	28°05'49,308"	550,863	[redacted]P-0061	213°26'	31,28	Rio [illegible]
[redacted]	[redacted]	28°05'50,274"	547,755	[redacted]P-0062	218°30'	28,67	Rio [illegible]
[redacted]	[redacted]	28°05'51,057"	550,253	[redacted]P-0063	247°28'	23,68	Rio [illegible]

Este Memorial Descritivo foi gerado automaticamente pelo Sigef com base nas informações transmitidas e assinadas digitalmente pelo Responsável Técnico (Credenciado).

[redacted]	[redacted]	28°05'51,327"	548,316	[redacted]P-0064	276°00'	22,56	Rio [illegible]
[redacted]	[redacted]	28°05'51,248"	549,636	[redacted]P-0065	43°47'	27,4	Rio [illegible]
[redacted]	[redacted]	28°05'50,862"	553,22	[redacted]P-0066	16°47'	41,6	Rio [illegible]
[redacted]	[redacted]	28°05'49,358"	549,6	[redacted]P-0067	346°51'	49,32	Rio [illegible]
[redacted]	[redacted]	28°05'47,746"	554,693	[redacted]P-0068	354°48'	62,21	Rio [illegible]
[redacted]	[redacted]	28°05'46,056"	556,581	[redacted]P-0069	336°57'	36,58	Rio [illegible]
[redacted]	[redacted]	28°05'44,966"	555,021	[redacted]P-0070	290°32'	13,51	Rio [illegible]
[redacted]	[redacted]	28°05'44,786"	551,779	[redacted]P-0071	217°31'	57,66	Rio [illegible]
[redacted]	[redacted]	28°05'46,217"	551,896	[redacted]P-0072	233°19'	27,52	Rio [illegible]
[redacted]	[redacted]	28°05'47,072"	550,796	[redacted]P-0073	202°34'	29,88	Rio [illegible]
[redacted]	[redacted]	28°05'47,873"	550,633	[redacted]P-0074	238°38'	12,41	Rio [illegible]
[redacted]	[redacted]	28°05'48,141"	547,583	[redacted]P-0075	229°38'	13,02	Rio [illegible]
[redacted]	[redacted]	28°05'48,416"	553,704	[redacted]P-0076	200°40'	23,66	Rio [illegible]
[redacted]	[redacted]	28°05'48,908"	555,207	[redacted]P-0077	196°28'	46,26	Rio [illegible]
[redacted]	[redacted]	28°05'50,499"	552,786	[redacted]P-0078	206°03'	23,75	Rio [illegible]
[redacted]	[redacted]	28°05'51,137"	549,747	[redacted]P-0079	227°57'	16,30	Rio [illegible]
[redacted]	[redacted]	28°05'51,415"	548,311	[redacted]M-0004	17°26'	1,29	Rio [illegible]
[redacted]	[redacted]	28°05'51,375"	549,738	[redacted]M-0002	29°43'	247,44	CNS: [illegible] | Mat. [illegible]

CERTIFICAÇÃO: [illegible]

Em atendimento ao § 5° do art. 176 da Lei 6.015/73, certificamos que a poligonal objeto deste memorial descritivo não se sobrepõe, nesta data, a nenhuma outra poligonal constante do cadastro georreferenciado do INCRA.

Data Certificação: [redacted]:41
Data da Geração: [redacted]:03

Certificada - Sem Confirmação de Registro em Cartório
Parcela certificada pelo SIGEF de acordo com a Lei 6.015/73 e pendente de confirmação de registro da certificação em cartório
A autenticidade deste documento pode ser verificada pelo endereço eletrônico [illegible]

Perceba que este modelo de memorial descritivo é formado somente pelo cabeçalho e por uma tabela.

Veja mais detalhadamente o cabeçalho do mesmo:

Proprietário: DA[redacted]EL
Matrícula do imóvel:
Município/UF: C[redacted]RS

Responsável Técnico: [redacted]
Formação: Engenheiro Florestal
Código de credenciamento: [redacted]

Sistema Geodésico de referência: SIRGAS 2000
Área (Sistema Geodésico Local): 11,0915 ha

CPF: [redacted]
Código INCRA/SNCR: [redacted]

CREA: [redacted]RS
A.R.T.: [redacted] RS
Coordenadas: Latitude, longitude e altitude geodésicas
Perímetro (m): [redacted] **Azimutes:** Azimutes geodésicos

No caso, cabeçalho estão todas as informações necessárias a respeito do proprietário, da propriedade, do sistema de referência utilizado e do responsável técnico.

São elas:

Do proprietário:

- Nome;
- CPF e;

- Código INCRA/SNCR.

Do imóvel:

- Matricula;
- Município e estado;
- Área;
- Perímetro e;
- Azimute.

Do responsável técnico:

- Formação;
- CREA;
- Código de credenciamento e;
- ART.

Do sistema de referência:

- Sistema geodésico de referência e;
- Tipo de coordenada utilizado.

Proprietário: [redacted]
Matrícula do imóvel:
Município/UF: [redacted]
Responsável Técnico: [redacted]
Formação: Engenheiro Florestal
Código de credenciamento: [redacted]
Sistema Geodésico de referência: SIRGAS 2000
Área (Sistema Geodésico Local): 11.0916 ha

CPF: [redacted]
Código INCRA/SNCR: [redacted]

CREA: [redacted]
A.R.T.: [redacted]
Coordenadas: Latitude, longitude e altitude geodésicas
Perímetro (m): [redacted] **Azimutes:** Azimutes geodésicos

Agora dê uma espiadinha na tabela:

DESCRIÇÃO DA PARCELA							
VÉRTICE				SEGMENTO VANTE			
Código	Longitude	Latitude	Altitude (m)	Código	Azimute	Dist. (m)	Confrontações
[illegible]	-51°27'16,368"	[illegible]	378,361	B1P-M-0647	[illegible]	[illegible]	[illegible]
B1P-M-0647	-51°26'57,406"	-9°57'12,103"	329,743	B1P-M-0648	166°28'	4784,61	[illegible]
B1P-M-0648	[illegible]	[illegible]	306,541	B1P-M-0649	[illegible]	[illegible]	[illegible]
B1P-M-0649	[illegible]	[illegible]	[illegible]	B1P-M-0653	[illegible]	7306,24	[illegible]
B1P-M-0653	-51°29'21,601"	[illegible]	287,692	B1P-M-0654	346°16'	[illegible]	[illegible]
B1P-M-0654	[illegible]	[illegible]	348,496	[illegible]	[illegible]	[illegible]	[illegible]

Perceba que a mesma é dividida em 2 seções:

- Vértice e;
- Segmento vante.

No caso, segmento vante refere-se ao próximo ponto da poligonal da propriedade.

Lembre-se também que todo memorial descritivo deve começar sua descrição no ponto mais ao norte e seguir descrevendo a propriedade em sentindo horário.

É isso por este livro. Gratidão por você ter lido o mesmo.

ESCOLHENDO SUA PRÓXIMA LEITURA

Além deste livro, eu possuo uma série de outros livros e E-books. Vamos conhecer os mesmos.

A Bíbia do Agrimensor

Eu indico que sua próxima leitura seja o livro "A Bíblia do Agrimensor".

Isso porque o mesmo é simplesmente o livro de Topografia mais completo existente no Brasil.

São 10 capítulo distribuídos ao longo de 577 páginas de conteúdo.

No mesmo em um primeiro momento, nós fortaleceremos suas fundações, ode que você:

- Obterá uma série de ocnhecimentos a respeito da legislação cadastral;
- Dominará a cartografia aplicada e;
- Relembrará alguns conceitos topográficos essenciais.

No quarto capítulo nos mergulhares fundo nos diferentes tipos de instrumentos, equipamentos e marcos topográficos existentes.

No quinto capítulo você obterá uma tonelada de conhecimentos a respeito da operação de estações totais, aprendendo a operar estes equipamentos com grande velocidade e com segurança.

No sexto capítulo nos veremos de maneira cirúrgica as diferentes etapas da prestação de servuços topográficos.

No sétimo capítulo você conhecerá os 6 diferentes tipos de levantamento topográfico existentes, aprendendo quando e como utilizar os mesmos.

No oitavo capítulo você obterá conhecimentos geniais a respeito da produção de plantas, aprendendo a produzir plntas que deixam seus clientes de queixo-caído.

No nono capítulo você aprenderá as diferentes etapas de um projeto de locação de dados.

E finalmente, no décimo capítulo, aprenderá a criar uma estrutura lógica de pastas para sua empresa, encontrando rapidamente qualquer dado desejado e não correndo o risco de perder dados.

Enfim, o mesmo é um livro cirúrgico, que ajudará você a dominar a Topografia do início ao fim.

Um livro que todo Agrimensor deveria ler.

Conheçá melhor o mesmo. Link:

https://adenilsongiovanini.com.br/biblia-do-agrimensor/

Topografia Cadastral e Georreferenciamento de Imóveis Rurais na Prática

Desde que foi lançado o livro Topografia Cadastral e Georreferenciamento de Imóveis Rurais na Prática é simplesmente o livro mais vendido do Brasil sobre o tema. Mais de 800 profissionais já adquiriram o mesmo.

Com a leitura do livro Topografia Cadastral e Georreferenciamento de Imóveis Rurais na Prática, você dominará o posicionamento pelo GNSS, aprendendo exatamente como proceder na prestação de serviços de Georreferenciamento.

Para conhecer melhor o livro Topografia Cadastral e Georreferenciamento de Imóveis Rurais na Prática e adquirir sua cópia do mesmo é só acessar o link abaixo:

https://adenilsongiovanini.com.br/georreferenciamento-de-imoveis-rurais-na-pratica/

Se preferir adquirir a versão física é só acessar o link abaixo:

http://amzn.to/37T6RWc

Topografia Com Drones

Com a leitura do livro Topografia Com Drones, você dará largos passos no seu aprendizado a respeito do tema.

- Qual drone comprar;
- Quais as etapas da prestação de um serviço;
- Quais os diferentes softwares existentes;

- Quais os erros normalmente cometidos pelos profissionais;
- Quais os diferentes produtos fotogramétricos existentes.

Enfim, se você quer (ou precisa) prender a respeito do tema, este livro servirá como uma luva para você.

Conheça melhor o mesmo. Link:

https://bit.ly/livro-drones

POSSO ME ENVOLVER NO SEU NEGÓCIO?

Profissionais de todo o país me perguntam sobre meus treinamentos e como participar dos mesmos.

Se o seu objetivo é plugar novos serviços no seu escritório ou tirar o sonho de ter seu próprio escritório da área do papel, fique atento às informações abaixo e se envolva o mais rápido possível.

TOPOGRAFIA CADASTRAL NA PRÁTICA

Tire do Papel Seu Sonho

de Ser Dono do Seu Próprio Escritório de Topografia Cadastral Setado Para o Sucesso!

Curso de Topografia Ensina na Prática e *Disponibiliza 1.867 em Bônus*!

O Topografia cadastral na Prática é um combo formado por 5 treinamentos.

No mesmo eu cubro de maneira cirúrgica todas as etapas da prestação de serviços topográficos.

Da reunião com o cliente ao procedimento junto ao registro de imóveis. Você aprenderá exatamente como proceder.

O mesmo normalmente é adquirido por profissionais que:

- Possuem um escritório e que querem passar a prestar serviços de Topografia Cadastral no mesmo;
- Se identificam com a área de Topografia e possuem o sonho de ter um escritório da área;
- Querem turbinar suas rendas, passando a prestar serviços de topografia em suas horas vagas.

MÉTODO GEORREFERENCIAMENTO SEM MISTÉRIOS

Curso Completo de Georreferenciamento de Imóveis Rurais?

Domine o Geo. de Imóveis Rurais e **Vá Diretamente Para a Prática**, Prestando Serviços Com Segurança e Ganhando Dinheiro!

Neste treinamento eu mostro na prática como prestar serviços de Georreferenciamento.

O mesmo foi brindado com a ajuda de mais de 203 profissionais que participaram.

Profissionais estes que foram a campo, tiveram dúvidas e entraram em contato comigo.

Daí eu gravei uma nova aula para cada dúvida diferente que os mesmos possuíam, disponibilizando a mesma no final do respectivo módulo.

O resultado?

Nenhum outro treinamento existente no pais sobre o assunto é tão abrangente como o Método Georreferenciamento Sem Mistérios.

Você ficará de queixo-caído com a estrutura deste treinamento.

ARCGIS EXPERT

O ArcGIS Expert é um treinamento cirúrgico com o qual você aprenderá a produzir:

- Shapefiles diversos;
- Mapas de uso do solo;
- Mapas técnicos;
- Mapas temáticos;
- Plantas para Topografia Cadastral;

- A fazer análises espaciais e muito mais.

Você vai tomar um susto com a incrível estrutura deste treinamento.

ESTAÇÃO TOTAL NA PRÁTICA

O Estação Total Na Prática, conforme o próprio nome diz, é um treinamento prático, através do qual você aprenderá o passo a passo de operação de uma estação total.

No mesmo nós primeiramente faremos o seu nivelamento, reforçando alguns conhecimentos básicos necessários.

Em um segundo momento você aprenderá de maneira prática a instalar e utilizar estações totais no seu dia a dia.

Ao longo do treinamento você também aprenderá dicas e macetes geniais que turbinarão sua velocidade de trabalho e evitarão que você cometa erros.

CURSO DE OPERADOR DE RECEPTORES GNSS

O Curso de Operador de receptores GNSS é um treinamento com o qual você aprenderá o passo a passo da operação de receptores GNSS.

No mesmo, em um primeiro momento cobriremos toda a parte teórica.

Isso é necessário porque a operação de receptores GNSS é 95% teoria.

Em um segundo momento pegaremos um receptor GNSS e iremos a campo.

Isso mesmo, você aprenderá de maneira prática a operar receptores GNSSS, aprendendo a se posicionar com a utilização do método RTK e também dos métodos pós processados.

Em um terceiro momento aprenderá a fazer o processamento e o ajustamento dos dados, aprendendo:

- A configurar o software de acordo com a legislação nacional;
- A corrigir os diferentes erros inerentes ao posicionamento pelo GNSS;
- A configurar, interpretar e exportar os diferentes relatórios;
- E a exportar os dados para os diferentes formatos de arquivos e softwares.

Perceba que o mesmo é um treinamento completo sobre o assunto.

CURSO DE CONFECÇÃO DE PLANTAS PARA TOPOGRAFIA CADASTRAL

Com este treinamento você aprenderá de maneira simples, prática e rápida a produzir as diferentes plantas utilizadas nos escritórios da área.

Para conhecer melhor meus treinamentos e se envolver é só acessar o link abaixo:

http://adenilsongiovanini.com.br/cursos-online/

Lembrando que todos os meus treinamentos possuem 30 dias de garantia.

Eu também garanto pelo menos 2 anos de acesso ao ambiente de estudos e forneço 2 anos de suporte tira-dúvidas aos alunos.

DEPOIMENTOS

"Olá Adenilson. Gostaria de lhe agradecer. O curso foi fantástico. O mesmo foi fundamental na minha especialização em Georreferenciamento, com ele consegui dominar com facilidade todas as etapas do Geo.

Nele realmente são tratadas todos os pontos de um levantamento, desde o básico até o avançado. Confesso que no início senti um pouco de medo de fazer, porém o investimento valeu muito a pena. Indico a todos que se interessarem em trabalhar com Georreferenciamento."

Junior César Zanella – Aluno do Método Georreferenciamento Sem Mistérios

"Fazia tempo que eu estava tentando aprender a produzir mapas por conta própria, porém sem hesito. Hoje, após participar do treinamento, eu finalmente consigo produzir mapas de altíssima qualidade técnica."

Ana Oliveira – Aluna do treinamento ArcGIS Expert

"O curso realmente é bem prático, estou muito empolgado com o uso das ferramentas e com os mapas incríveis que estou aprendendo a produzir!"

Francisco Salatiel Fernandes – Aluno do treinamento ArcGIS Expert

"Sou aluno da primeira turma do Método Georreferenciamento Sem Mistérios. Graças ao mesmo hoje consigo prestar serviços com segurança."

Marcelo Paim – Engenheiro Civil

"O Adenilson em seus treinamentos consegue passar o conhecimento necessário com o uso de uma linguagem simples e objetiva.

Eu trabalho com SIGs e Georreferenciamento de Imóveis Rurais e participar do ArcGIS Expert foi essencial para mim, hoje eu produzo mapas com um aspecto visual muito melhor."

Moisés Santiago Ribeiro

"No começo senti muito receio em fazer, pois já tinha feito outros cursos da área que não foram muito aproveitoso. Porém me surpreendi, foi além de minhas expectativas."

Francéllwika de Azevedo – Aluna do treinamento ArcGIS Expert

"Após fazer o curso estou conseguindo elaborar mapas com um aspecto visual muito melhor."

Marco José Strehl – Aluno do treinamento ArcGIS Expert

"Desde de que me formei trabalhei somente realizando trabalho de campo sem contato nenhum com desenho e confecção de plantas. Sempre tinha pessoas responsáveis por essa parte, então eu não me preocupava com isto.

Porém devido a crise econômica que nosso país se encontra acabei ficando desempregado e me deparei com um mercado de trabalho que exige um profissional completo, que faça o levantamento e entregue pronto. Tive muitas propostas de emprego, só que acabei perdendo todas por não saber desenhar e confeccionar plantas.

Foi então que depois de muita procura na internet e graças a Deus encontrei uma pessoa com uma inteligência abençoada por Deus e uma humildade fora do comum para ensinar, esta pessoa é Adenilson Giovanini. Estou aprendendo muito com o mesmo e hoje me sinto muito confiante em assumir a responsabilidade que envolva desenhos no AutoCAD.

Isso sem falar do suporte que ele oferece que é nota 10 e fica também minha indicação principalmente para pessoas com dificuldade em desenho."

Marcelo de Araújo – Aluno do treinamento Topografia Cadastral na Prática

"Durante o mestrado em geografia eu precisei produzir uma série de mapas e simplesmente não sabia como proceder. Certo dia vi um anúncio do treinamento ArcGIS Expert no Facebook. Acabei por adquirir o mesmo e valeu a pena. Graças a este treinamento eu consegui aprender a produzir os mapas que precisava."

Cassiano Martins Neumann

"Participei do Curso Topografia Cadastral na Prática e o mesmo é simplesmente fantástico. Com ele eu obtive os conhecimentos que precisava, sendo que hoje consigo prestar serviços com segurança. Vale muito a pena!"

Bruno Romário Lopes De Oliveira

"O mesmo é muito bom. Hoje eu tenho muito mais segurança na obtenção de dados a campo."

Fabiano Jr.

"Me ajudou muito o curso que comprei do Adenilson, o de Confecção de Mapas para Licenciamento Ambiental. Com ele eu finalmente aprendi a produzir os diferentes mapas necessários e não preciso mais depender de outros profissionais."

Adenir dos Santos

"Sou funcionário público e os treinamentos do Adenilson possibilitaram que eu obtivesse a segurança

necessária para passar a prestar serviços em minhas horas vagas."

josé cavalcante ramos

"Fiz 3 cursos com o Adenilson, o de confecção de plantas para Topografia Cadastral, O de Operador de Receptores GNSS, o de ArcGIS e comprei o Manual do Topógrafo dele. Todos os materiais são ótimos, me ajudaram muito."

Muryllo Cesar

"Fiz uma especialização em Georreferenciamento de imóveis Rurais, porém ao final da mesma me sentia muito inseguro. Faltava o conhecimento prático. Devido a isso decidi participar do treinamento Georreferenciamento Sem Mistérios. Aprendi pelo menos 3 vezes mais no mesmo do que havia aprendido na especialização. O curso é fantástico."

Adriano Lopes Pereira

"Fiz o curso de Confecção de plantas para topografia Cadastral com o Adenilson Giovanini e os conhecimentos

que adquiri no mesmo estão sendo muito úteis no meu dia a dia."

Franz De Sousa Ladeira

"O Adenilson realmente vai a fundo mostrando cada etapa de um processo de Georreferenciamento. O curso é muito completo."

Patrick Franco

"Sou professor de uma escola agrotécnica da Universidade Federal de Roraima. Esse curso está sendo muito útil pra mim, pois através dele, estou melhorando a qualidade de minhas aulas."

Pedro Antônio dos Santos

"Sou formado em agrimensura pela Elecvav de Jundiaí e participar do Georreferenciamento Sem Mistérios mudou a minha vida. Não tem como mensurar o tamanho de minha gratidão para com o Adenilson. Hoje o Geo é a minha especialidade."

Alessandro Francisco Carderalli

"Adenilson, estou fazendo o seu curso, realmente é muito bom. Não estou trabalhando ainda com Georreferenciamento, mas com toda certeza o curso vai me dar o norte por onde começar."

Gleidson Molin

"Achei que o curso é bem completo, bem explicado e as aulas do bônus sobre utilização de GPS completaram muito bem a matéria."

Carlos Auberto Serrano – Aluno do treinamento Estação total na Prática

"Comprei o curso e finalmente estou conseguindo realizar as operações de geoprocessamento e produzir os mapas que precisava. Muito bom, eu recomendo."

Eldimar Paes – Aluno do Treinamento ArcGIS Expert

"O Adenilson é uma pessoa muito honesta, integra e responsável. Gostei muito do curso."

Antonio Nilton Dinalli

"Eu ainda não tinha visto um curso com tanto conteúdo e informações técnicas."

Aparecido Sérgio Bonfim - Aluno do Método Georreferenciamento Sem Mistérios

"O Adenilson explica bem o passo a passo de como proceder e fornece um ótimo suprte tirá dúvidas aos alunos."

Jorge Lúcio Degrandi – Aluno do treinamento Georreferenciamento Sem Mistérios

"Comprei o Curso de Confecção de Mapas para Licenciamento Ambiental e o mesmo está me ajudando muito."

Adenir dos Santos

"Participei do treinamento Georreferenciamento Sem Mistérios e aprendi muita coisa que tava precisando. Eu indico o mesmo para todos os profissionais que queiram

aprender mais osbre o assunto. O Adenilson é uma pessoa ohnesta e comprometida com seus alunos.”

Carlay José Fagundes Júnior

www.ingramcontent.com/pod-product-compliance
Lightning Source LLC
Chambersburg PA
CBHW060823220526
45466CB00003B/956